建築設計方法

陳政雄 著

東大圖書公司 印行

©建築設計方法

著　者　陳政雄

發行人　劉仲文

著作財產權人　東大圖書股份有限公司

總經銷　三民書局股份有限公司

印刷所　東大圖書股份有限公司

復興店／臺北市復興北路三八六號六樓

重慶店／臺北市重慶南路一段六十一號

郵　撥／〇一〇七一七五──〇號

初　版　中華民國六十七年八月
再　版　中華民國八十三年二月

編　號　E 92004

基本定價　叁元叁角叁分

行政院新聞局登記證局版臺業字第〇一九七號

ISBN 957-19-0853-3（平裝）

序　言

首先，我願意告訴各位讀者，這是一本專爲初入建築設計學門的新手所撰寫的一本書。本來，從事一項設計工作，應該是一件爽心悅目的工作，設計者可以把自己的理想，完全表現在他的設計作品上，這不只是一種短暫的快感，而且是一件永久的滿足。而這個機會完全是由於某一位委託人，爲了某一種目的而加諸於設計者的一項任務。就因爲它是一項有任務性的目標，因此，對於一個設計者而言，設計的行爲就不只是去認識設計問題的存在而已，並且要尋找一種有效的方法或途徑去解決這些設計問題，滿足這些設計需求了。

從前，人們總認爲，因爲我有比別人更多的設計細胞，所以我是個天才，我就可以作出比別人更好的設計來。其實，在理性的分析下，這種想法並不見得是絕對的正確。尤其，在目前社會結構日趨複雜，機能需求日趨增多，生產形態日益進步的狀況下，設計者所面臨的設計資料及情報也日漸繁雜，如何作好一個設計，已經不是神來之筆所可以完成的行爲。所以，如何發現設計問題的存在，如何尋得一條可行的步驟去解答這些問題，使設計作得更好，已經不是傳統式的英雄展示主義的方式所能達成的。設計者，不能不以更合乎邏輯的分析能力，去作有系統的歸類，綜理這些繁複的資料及情報；以更理性的設計方法，去作更合理的評估工作，以達成設計問題所需求的目標。

當然，我們並不否認在設計的領域裏，除了理性的範疇之外，還存在着感性的本質。但是，我們要強調的是：當你作一個設計時，你必須自己明白自己正在做些什麼，也明白自己是爲了什麼理由而這樣去作。更重要的是：你必須清清楚楚的告訴別人你作的是什麼。這裏包涵着一種清楚的評估標準，來認定作品的良莠，而不是一種偶然的成功或是一種莫明其妙的失敗。如是，理性的分析與感性的本質才能同時包容於設計作品之中，而達成設計的目標。因此，這裏我們雖然強調理性設計的重要，却並不輕視感性本質的存在。

本書的一章一節也就等於設計過程中的每一個進行的步驟，整個程序是一種整體性的系統，我希望初學者能够按步就班的從頭到尾看完，再作各個重點的探討，才不致迷失設計程序的方向。

本書的撰寫，得自劉其偉畫家的鼓勵及系裏同事和事務所同仁的幫助，使本書得於順利付梓，特在此致謝。同時，內人高麗貞女士，在我撰寫本書期間，給予最大的照顧與關心，在此特以此書來紀念她卅五歲的生日。

陳政雄　民國六十七年三月廿八日　於木柵

建築設計方法　目錄

序言

第一章　基本觀念

第二章　設計目標

第三章　設計程式

第四章　設計意念

第五章 設計成型

附錄 參考文獻

第一章 基本觀念

1.1 建築設計

建築，在早期的人類活動裏只不過是一種源由於需要的本能行為而已，根本就談不上有設計這回事。自從某些進步的部族從遊牧生活裏醒悟過來，開始耕田種植而着地定居以來，人類才開始奠定了文明的世界，追求更爲舒適的生活環境（圖 1.1.1 及 1.1.2)。可是經過漫長的數千年，建築的演變也只不過在式樣上的經歷更迭而已；從建築計劃的內涵而言，除了一些調和上的差異之外，大都依建築的類別而長期地固執著一成不變的模式。尤其是寺院等類的宗教建築，雖然可以看出因地域的不同或歷史的演變所具有的各種特徵，但是從設計的觀點來看，仍然逃不出某一種固定的形式。其所謂建築設計上所追求的是「建築美」的調和以及藝術上所需要的裝飾性細部。因此，當時的建築設計都是出自一些具有很豐富想像力的藝術家或彫刻家的造就（圖 1.1.3）。

自從工業革命發生以後，貴族及邦領的封建制度崩解，隨著工商業的繁榮，建築才逐漸步向平民化。新的建築類型不斷的出現，新的機能需求不斷的發生。以空間的機能主義推翻古典主義，以反對裝飾的口號建立現代建築的機能本位。在建築上所產生的變化，是使用功能的不同及設計對象的不同，所採用的材料也日漸增多，因而理論和觀念也隨着都不同。建築設計的「創造」一詞被重新定義，再也不只是把過去的紋飾拼湊在一起就能算是新意念的設計時代。

圖 1.1.1

圖 1.1.2 爲了追求更舒適的生活環境，人類才眞正開始有建築的活動。

圖 1.1.3　追求「調和美」的建築世界。

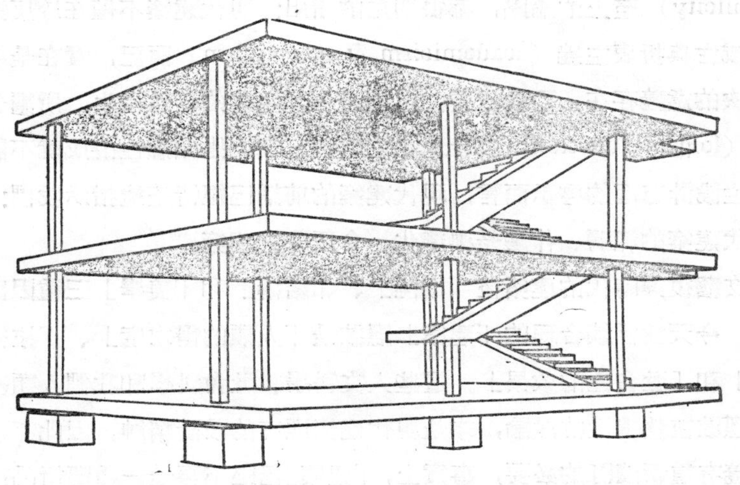

圖 1.1.4　Le Corbusier 的 Dom-ino 建築模型。

這個現代建築的新思潮引起各方面的關心與共鳴。戈必意 (Le Corbusier) 得風氣之先，於一九一四年首先提出 Dom-ino 計劃與模型（圖

1.1.4)，固然已經顯露現代建築設計觀念的新精神，更於一九二四至一九二五年在新思潮陳列館裏展示可供大量生產的標準化住宅和代表純粹派（purism）的蜂窩式住宅及改造巴黎市中心之計劃圖。他所追求的有如立體派(cubism) 畫家們所謂「情感上的衝動」，是一種「有量的」(massive)建築，希望獲得一種造型 (form) 上的純淨氣質。戈氏的不斷努力使現代建築的思想開展了坦途，歷久而彌彰。

一九二七年格羅皮亞斯(Walter Gropius)所主持的巴浩斯(Bauhaus)成立了建築系，使現代建築有了培育的根據地。從此，建築學與其他的社會學、心理學等相連結，而產生了社會的意義和價值，促使建築的範疇更加擴大。一九三〇年萊特 (Frank Lloyd Wright) 承其先師蘇利文 (Louis Sullivan)所倡導的「型隨機能而生」(Form Follows Function)的精神，以及密斯 (Mies Van Der Rohe) 講授於美國伊里諾大學的「簡潔」(simplicity) 至上的論點，都很明白的指出：現代建築不僅在於反對古典主義或古典折衷主義 (academicism & eclecticism) 而已，實在是有着更高層次的意義存在。而最重要的成就是合理主義的自然產生，所謂合理的機能 (logical function) 或合理化的建築。我們撇開感性的成就不談，單是理性設計方面的啓示而言，現代建築的前期已經清楚地指示我們：什麼是現代建築的範疇、什麼是標準化、合理化的建築。

文藝復興時代的建築被「機能」、「結構」和「美學」三種因素所涵蓋着。今天我們談合理的「建築」應該是「人類的需求度」、「技術性的表現」和「社會性的效果」。這些人文科學、社會科學和我們人類基本的需求應該被整體性的討論，才是現代建築應有的設計精神。因此「建築」的定義有重新釐訂的必要，事實上，「建築」已經不再是一種藝術品或是單純的機能或造型的問題，而是如何造就一個更美好的「環境度」，其產生的整體環境才是「建築」的內涵。這種環境觀念 (environment approach) 由於生態學 (ecology) 觀念的進展，已經由早先之相互剋制的理論，演化爲合協調和的觀點；都市環境（urban environment）與鄉村環境（rural environment）之配合使環境的觀念得以更高層次的美化。建築本身的問題應與都市之發展相行並進，各個建築不能與社會的流動體系或社會的結構分開討論。因此，理性的建築設計必須與過去無法相比較的更廣泛的範疇相連通。這種設計形態的演化將隨着社會的變動，機能的變革及環境的配合所滙集而成的一股潮流作爲設計的方向。同時，必須以系統性的分析法則作爲手段。換句話說，今日的建築必須隨着人類演進的方向，並於系統性的規律法則中，分析人類所有的機能需求，積極地滿足這些需求，才是現代理性建築設計所追求的課題。

現代建築設計的觀念，除了建立環境的價值觀之外，還要求有一個明確的設計道理；必須合乎社會科學的、人類需求的和技術的合理主義精神。格羅皮亞斯（Walter Gropius）於一九三五年所著「新建築與Bauhaus」一書中經常採用「合理化」一詞。Louis Justment 談「生活建築」(Living Architecture) 中也強調「適合」（fitness）一詞。譬如，建築必須適合於時間和空間，應該適合於建築的目的，必須選擇適當的材料及施工方法等。並且，認爲現代建築應以「秩序」、「適合」與「簡潔」等三個因素爲主題，才可稱爲「合理的建築」。因此，這些都應該在設計的過程中被同時考慮。

由於，社會科學與自然科學的高度發展及人類需求的急速增加，用以解決這類問題的技術和方法或策略也不斷地改善；技術愈來愈精，方法也愈來愈多。如何綜合這些技術和方法，使之能成爲掌握某一水準的設計品質的複雜行爲，實在無法僅賴以過去的經驗所培養的思考方法或技術所能解決。從建築計劃學的發展來看，對於建築設計所必需的要求條件，已經無法依照過去的習慣方法來整理。爲了使這些要求條件的分析能夠與具體的設計之間發生密切的連繫，我們必須重新建立設計方法的新觀念；對於那些過去經驗的感受或已經成爲定形的創造過程，以新的觀念重新認識。

產生這種新觀念的目的，在於發掘更能滿足所給與的各種要求的新機能。換句話說，只有尋求新機能的新觀念，才是眞正的創造。在設計過程中，把新的要求與新的機能連結起來，或由於尋求新機能所產生的新觀念，其本身並不是一種新的發現。由建築史觀之，機能與觀念的相對系列乃是一種典型的思考程序。今天，我們所以特別重視這種相對的關係，以之尋求新的思考方法的最大動機，乃是由於過去數千年來所延傳積存的科學技術的知識，在今日突作爆發性的增加，對於各種有關知識的組合，必須做各種系統的整理，才能夠邁入更可掌握這無限量新發現的時代。

傳統的設計和創造的行爲，通常依照一種成形的習慣方式與無計劃性的方法來進行。這種無計劃性的設計行爲是由於長時期的習慣，總以爲建築設計是依賴個人的能力，並期待着天才式的創造力所促成的。尤其，在建築計劃的過程中，設計期限與成本都不成爲約束的條件時，或者設計對象所要求的空間機能也相當單純的案例裏，設計的步驟與方法都可以在建築設計者的個人腦子裏加以選擇與組合，只要建築設計者本人對於各種問題有所了解和說明，其他的人也就可以依據他的指示進行建築生產的工作，一切的問題也都可以獲得解決。

今天的設計方法應該是超乎個人的領域而要求更深遠的目標，必須依據科學的邏輯方法去探求計劃性的設計步驟。今天的設計潮流，對於創造性的工作與發展的趨向，已經超越了個人的能力範圍，其途徑也已經從單純的原理所使用的基本方法，發展到必須將高深的原理導入更複雜的分析過程，才能獲得圓滿的解答。因爲，建築設計除了造形所顯露的氣質之外，另一方面必須反應時代的需求，將之融會於空間的變化之中。所以，今天的建築設計必須以複雜的空間機能和高超的設計策略爲背景，才能合乎此一時代的需求所反映的高層次形態；除了有計劃性的設計過程之外，似無他法可以滿意的解決此一時代的需求。

在建築生產的過程裏，由計劃階段、設計階段一直到施工階段的實質作業，包含着非常複雜繁歧的內容與問題。尤其，在所謂「感性」、「技術」與「經驗」等的理論和體系都未能確立之前，處理的過程都不可能十分的明確。如果，對於狀況的掌握，完全憑賴個人的直覺判斷，那將是一付無法應付全盤要求的局面。這時候，唯一可行的「小組作業」(team work) 將成爲最合理化的設計手段。設計過程的掌握，完全由人與人之間 (man-man system) 以檢討的方式進行，以設計小組作爲情報資料的交換、轉化的組織，把來自各方各類的情報資料整理分類，處理成具體性的建築空間答案。再者，從社會行爲體系而言，個人的能力絕對不可能領會到社會上各種不同生態的變化和各種不同專業性的問題。因此，我們必須依賴各專家的搭配合作，以各種不同的立場與經驗，產生不同的意念作廣泛性的探討，以期發掘更多的問題，提供更多可行的解答。這些都不是個人行動所能作得到的範圍。

傳統的設計構想，逃不出某一設計者腦海中所興起的意念；他的思考方法也是一種非常傳統的思考過程。最典型的思考程序是按機能的不同，由平面開始着手，再以立面、剖面或其他各種不同的圖面表現來說明他的一整套構想。這種思考程序的進行，大都在一種繼續不斷的試誤方式 (try error method) 下作業，直到設計者自認爲最佳狀態或比較好的答案下完成。但是，使用這種傳統觀念的試誤方式，對於完成後的答案如果不再加以評估和修正，很可能由於設計者本身的經驗與能力的限量而造成極高的失敗或然率。因而，在設計的進行上造成極大的困擾，再也不知道如何才能把設計作得更好，或更深入的達到設計所需求的目標。甚至迷失了設計本身的價值觀，再也不曉得以何種標準來評估設計的成果。所以，在傳統的設計過程裏，只有天才設計者才能夠按照他個人的直覺，以及對各種構架關係的理想去認識或引導出一個空間的組合。自古以來，這類天才到底不多，更何況在社會變革日益複雜，人類需求日益增多的今天，一個問題的解答決不可能自初步設計就以直線式的進行方式直接移至實施階段。這種不具「回饋」(feedback)觀念的設計過程讓人們無從再作有組織化的系統檢討，當然也就無法充分的滿足社會上不斷變化的需求要素。難怪柏克萊加州大學以數學見稱的亞力山大（Christopher Alexander）敎授說：「十年前，建築界流行着靠一時的靈感來設計建築，今天如果有人再這樣作的話，那將毫無意義了。」他主持的環境組合中心正在發展一種前所未有的「空間的語彙」（圖 1.1.5 至 1.1.8），那是一種極其精密準確的建築系統，可以供給任何人運用來設計自己的住宅。

建築設計的精髓，在感性上它必須以建築設計者本身所具有的哲學思想爲基礎；這種獨有的哲學思想，可以從設計者的作品中，不斷的向世人訴說。在理性的設計過程裏，也不是神來之筆所可以完成的。所謂「空間的語彙」，可以從設計者一系列的作品中，不斷的發現或顯露出來。「空

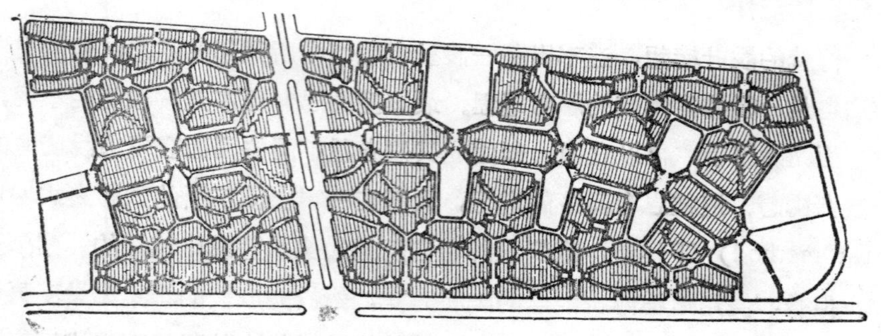

圖 1.1.5 1969 年在聯合國計劃下，由 Christopher Alexander 所主持的環境組合中心（CES），所設計的秘魯低收入住宅羣。

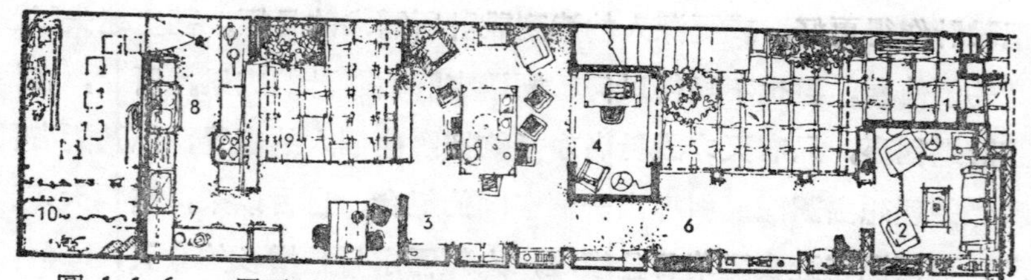

圖 1.1.6 一層平面 1. 進口 2. 客廳 3. 家族室 4. 書房 5. 前庭 6. 廊道 7. 厨房 8. 洗衣間 9. 中庭 10. 後院。

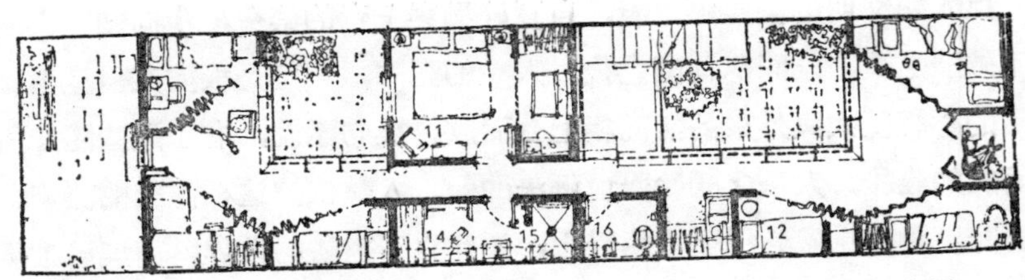

圖 1.1.7　二層平面　11. 主臥室　12. 臥室　13. 化粧室　14. 衣橱　15. 浴室　16. 厠所

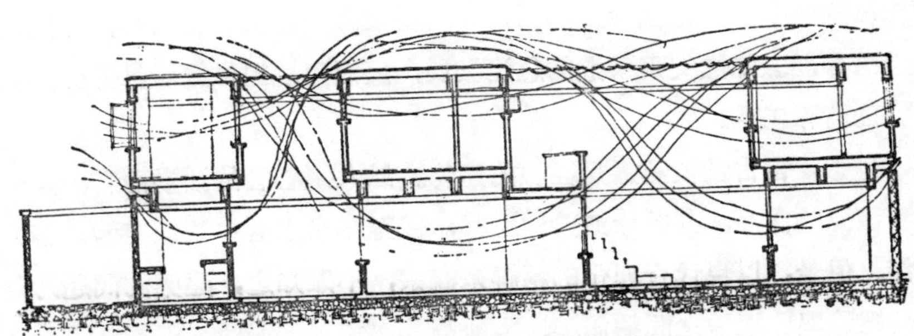

圖 1.1.8　開放式的剖面使自然通風良好。

間的語彙」也可以說，就是設計的結晶。在傳統的價值觀念之下，「空間的語彙」的成熟度，也就是一位建築設計者功夫高低的評鑑標準；即使在建築的內涵愈來愈複雜的今天，空間語彙的成熟度仍然被視爲十分重要。只是，在社會背景不斷的變革下，空間語彙的意義，再也不是現代建築初期四位大師言下，自我英雄主義式的極端主觀的色彩，而是一個以社會大眾的反應爲前題的更高層次的精神。這種社會或使用大眾的反應，是經由一個合理的途徑，被調查、實驗、印證而得來；在建築設計的過程裏，這種「回饋」的工作被設計者所重視着，也唯有在設計過程中具備着計劃性、組織性和系統性的設計方法，才能夠被檢討和評估。因此，在理性的建築設計裏，我們所追求的，將是如何確立更完全的設計方法，使設計作得更完美。

以人類文明的發展史來看，自夏娃拋棄上帝的禁令，步向知識之樹，吞下知識之菓，離開伊甸園之後。人類的認知，一直是根據某種經由細心設定的心智模式與外來的情況相配合而成。換句話說，有了這些認知所滙集而成的經驗，人類才開始學會解決問題。人類依據這種傳統的法則，巧運心計，設法克服各種環境的變化，並建立了經驗的世界。而經驗世界的記述或轉換，經過歷久的考驗，才產生了非經驗的理論世界。在傳統的知識範疇裏，非經驗的理論世界所構成的知識，並不太受經驗見證的支持，所以被認為少有實用價值。然而，在一切知識突作爆發性增加的今天，理論性的非經驗知識突飛猛進的急速發展，反而可以提供經驗世界作為研究考察的情報工具。

建築，自古就被認為是經驗的產物。以人類心智的活動而言，完全是一種直覺的作品，其製作的整個過程，甚至作者本身也難以控制其腦力的操作。但是，以現代合理化的精神來觀察，不難知道，建築的問題乃是介乎於經驗與非經驗之間的領域。從建築基本的計劃開始，經細部設計而成單幢建築物，乃至於組合、複合建築物以至都市環境之設計，都必須有條有理，過程明晰。如何突破內在腦力的直覺操作與外在明晰的分析過程所造成的矛盾，也正是「設計方法論」(methodology) 的首要任務。因為，建築設計必須由各種不同的需求 而產生各種不同的 設計目標與方法；它必須在各種不同的標的上，以各種不同需求的條件設定各種關係之間的因果。因此，如果設計方法以純粹非經驗的理論分析來討論也是無意義的。除了「計劃程式」(planning program) 中的一些統計變數的原始資料，加以計劃的觀念或計劃知識之外，還必須不斷的綜合評估，以果為因，從實質的模型實驗中檢討設計方法，修正設計過程，以期滿足各種現實生活上所必需的設計內容。例如，各種質與量在空間的意義，乃至於材料的選擇，構件的分解及設計的傳達等要素的綜合評估。這才是理論分析與實質經驗合而為一的合理途徑。

Poincare 曾說：社會學家研究社會法則，物理學家研究物理法則。所以，我認爲空談設計方法而不能作實質應用者，眞是一種不切實際的想法。

在基本上，傳統的建築設計過程，從業主的給與條件開始，以傳統的建築手法轉變爲可行的設計形態，完成基本設計，再繪製詳細圖樣來表達其設計之意念，供作施工生產之指令，以至發包施工到完成建築爲止。這些與現在我們所要探求的設計方法，在經驗上並沒有什麼不同，甚至可以說，如果沒有傳統的設計方法，我們也很難想像所謂「方法論」如何產生；如果不是因爲社會變得如此複雜，我們是否必要發展一套能夠適應社會需求的設計方法。這種設計方法必須比傳統的設計方法更爲「系統化」(systematic)。另一方面，發展系統化的設計方法的結果，將使過去以個人作品爲主的設計轉變爲以組織爲對象的集體設計。從個人的試誤方法轉變爲系統設計方法的過程中，包含了參入人員的組織與意念，以及應用電腦設備的檢核表（check list）和流程圖（flow chart）等。其中，比較迫切，也是最重要的是各成員的思考方法的變革。在心理上，我們必須從原來的固有觀念或積久成形的因果關係中，站在另一種完全開放的立場來觀察事物，培養一種完全自由的超然態度來解答問題。這也是發展系統化的設計方法中，比較難以克服的問題。

方法(method)一詞，就由其語源來解釋，含有「在……其後」(meta)「之道」(hodos)。所以有些人直接把「方法」以「過程」釋之。也就是說，談到「方法」就得關係到「程序」（process）的問題。程序的進行必以科學化的「技術」（technique）爲手段。所以，方法也就是一種「解決問題的演繹系統」。它必須有輸入的情報，經過腦力或其他思考方式的過程，進行一種眞實（true）而又有效（valid）的推想，並尋找其解答。其中，「眞實性」(truth) 有賴於經驗的支持，在理論上，它必須是可以實驗的，衡量的。而所謂「有效性」（validity）則有賴於非經驗之論理性法則，在理論上，它必須是可以追踪的 (traceable)。眞實性的檢證是推想的解答的研判；有效性的追查則是控制這種推想的解答的手段。

方法論，到目前只不過廿餘年的歷史，雖然還不見得有一個很具體的系統，而且各有各的招術，但一般都認爲是唯一可以使建築產業追上其他產業的途徑；應用這種系統化的設計方法，將使建築生產合理化變爲可能。更由於電腦技術的廣泛應用，使我們更可以看出這種新的設計方法的遠景。廿世紀後半以來，人類的思考方法也因爲各種科學技術的革新，優異的自動控制方法及設備的高度發展，使過去佔掉人類大半個頭腦的有關知識與經驗的儲存情報資料變爲簡易。人類也因爲自己所創造的工具，使自己的思考方法不得不作根本的改變。晚近，電腦與設計行爲結下不解之緣，人類的思想與觀念的形態藉助於記號或數學的演繹，使非經驗性的理論分析變爲可行而有用。有人稱之爲「第二次產業革命」或稱爲「情報革命」(圖 1.1.9)。在短暫的幾十年間，人類的腦力思考，由幾千年來固執的內歛形態轉變爲外拓的境界，也導致方法論及系統設計的快速成長。麻省理工學院有一位很重視方法論的龐蒂教授說：「如果想使環境適合人

圖 1.1.9 電腦中央處理單元 (CPU)

性，必須藉助於電腦，只有電腦可以把那些各種多變的因素，集中處理，獲得答案。」

人類爲了輔助或加強其天生能力的不足，的確花了不少心血，發明創造了許許多多不同的設備裝置。以能源機器取代手足的功力，以通信器材伸長感覺器官的空間，甚至精密如腦細胞的電腦也爲人類所發明。電腦，並不只是一種單純的計算機器而已，而是其有超乎想像能力的人造頭腦，並且是完全自動的一種裝置。對於一個設計者而言，資料的收集、交換、分析和傳達一直是設計的基礎作業，而這些作業可藉助電腦來操作，也只有這時候，電腦被用作爲一部情報機器，而不僅僅是計算機器時，它的潛能才會眞正對建築設計者顯現，令建築設計者驚訝不已。一般，我們常利用電腦作結構工程的計算工作，已深深領會電腦的神功，但對電腦而言，實在是大才小用。使用電腦的目的，不僅爲提高設計作業的能力，更可以提高設計水準。電腦可發揮極快的速度和無窮的精力，用以協助設計者整理大量而複雜的資料，發展設計意念，調整設計者對大尺度或複雜問題的解答，使設計者的思考更形深遠透徹。設計者也因爲有了電腦，在很短的時間裏，就能得到他所急於知道的設計答案。由於電腦程式的美妙設計，可以克服重複的實施步驟，節省演繹的時間和人力。電腦對研究的步驟和複雜資料的陳述，將以表格化的姿態忠誠的呈現出來。所以，電腦操作系統對建築設計頗具深遠的影響力，將使建築設計者對問題的看法改變其傳統的角度，以理性的邏輯程序取代傳統直覺的設計方法，並且在錯綜複雜的方案中選擇最合理滿意的答案，使設計工作作得更快速，也更合理。

目前，電腦之應用於建築設計已逐步實現，現在的問題是如何利用現有的電算程式，協助發展尙未完成的程式，相輔應用，以期完成整個設計系統，供普天下人應用。其實現的可能性，主要還是取決於建築設計者本身，是否願意將設計程序上具有意義的問題領域或知識引介給電腦工程人員。建築設計者必須率先創造出探索設計問題的理性構架，由建築設計者自己設定設計的問題，把解決問題的方法組列成合理的演繹程序，作成程式。因爲電腦畢竟是機器裝置，沒有人腦組列的程式輸入是不會單獨完成設計的。因此，建築設計者須研究出一套合理的設計方法，然後與電腦組成 Team，使人應該作的工作與機器的演繹互相配合，以完成設計程序中所設定的目標，追求最佳的解答。

以色列建築師沙代（Moshe Safdie）在他的著作「預鑄房屋的展望」中，曾預言：「未來科學技術的發展，將使人類很容易就可建造房屋，就像今天用計算機演算一樣的方便。像今天這種建築設計行業，將不再存在，取代的將是一種神奇的造屋機器。」意味着任何人都可以按鈕方法來控制機器，選擇適合自身條件的房屋，就像到百貨公司選購商品一樣。未來科學的技術，將能夠把建築工業運用到千變萬化的境界。想像中，未來的建築師事務所將是一所自動機器公司，建築事務所裏面再也沒有一大堆的施工圖、工程參考書或圖表，取代的是一組靈活的自動機器和一卷卷的磁帶，工程師手上拿的不是筆或橡皮，而是簡單的按鈕工作。到那時候，建築工業將和其他產業一樣，有生產、分配、消費等經濟行爲；建築也將成爲商品化。

1.2 設計過程

對於一個剛開始學習建築設計的學生而言，最感困惑的，也許就是：如何開始着手去作一個設計。在學校裏，每次出來一個新的設計題目，經過一堂設計原則的講解之後，學生們也許已經摸清楚了設計的要求條件是什麼，設計的最終目標又是什麼；整個設計題目的頭和尾都弄清楚了。但是，我們所最關心的卻是中間的一段，我們要知道學生們用什麼樣的一條線或一組網來連結整個「設計行爲」的起點和終站。經常，有些學生就是蒙着頭，毫無步驟的猛幹，有些學生卻是兩眼一瞪，手足無措，慌作一圓。其中的道理非常簡單，乃是因爲學生們沒能夠預先安排一套完整的「設計程序」(design process) 所致。

設計行爲是一種綜合性的過程，也是整個建築生產中最爲艱鉅的一部份。從設計需求和設計條件開始分析，確立設計準則 (criteria)，制定程式(program)，構思意念(idea)，收集資料 (data)，機能分析(analysis)，設計原型 (prototype)，細部發展 (development) 到獲得解答 (solution) 定案爲止 (圖 1.2.1) 。每一個步驟都是一項獨立的環路(loop)。我們套用馬卡氏 (Thomas A. Markus) 的一句話，稱之爲「設計的形態學」(the design morphology)；這一連串的設計過程都被稱爲「設計程序」。雖然，在設計分析、準則、程式、意念、原型及發展的每一個獨立的環路過程裏，都是一種連續的「決定順序」(decision sequence)，帶領我們進入各種「作業研究」(operation research)，「管理作業」(management) 和其他的設計領域。但是，從設計的開始以至解答的完成爲止的一系列設計過程，所指的都是一種系統性的關係事件。缺少任何一個步驟，都會嚴重的影響到設計的品質，使設計全盤失敗。

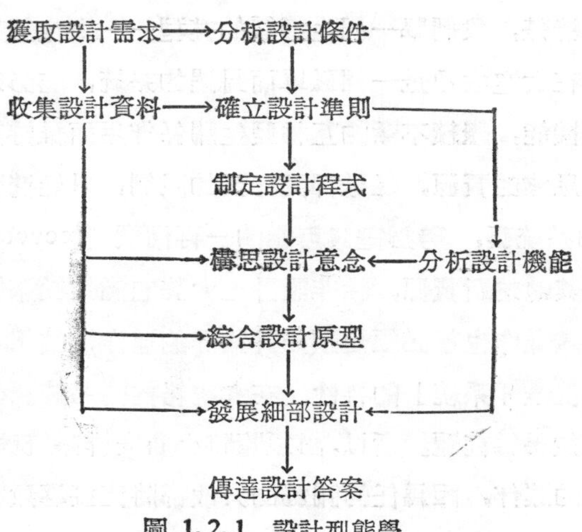

圖 1.2.1　設計型態學

「系統」(system) 一詞，經常被掛在人們的口上。所謂組織系統、作戰系統，乃至於給水系統、供電系統等，諸如此類的名稱，從較爲粗淺的觀念上來看，其外在給人的印象就是：講究系統的總比沒系統的要「好」得多。實質上，「系統」的觀念當初被應用於工學方面，其目的也是爲了提高工程效率而發展出來的一種知識或手段。事實上，所謂「系統工程」乃發源於第二次世界大戰時的英國，當時的英倫受盡了希特勒的蹂躪，本島資源眼看逐漸減少，想盡了辦法，乃積極發展「系統工程」，希望能以有限的力量作最高效果的運用。因此，由於戰術或戰略上的見證，「系統」觀念被有效地運用而奠定了理論上的基礎。在系統學上柏克萊加州大學的亞力山大 (C. Alexander) 教授也替它下了一個定義，他認爲：集合許多互有相關的「要素」(elements) 稱爲「編組」(set)，當各個要素間相互發生作用時，此一編組卽成爲「系統」。他所謂的發生作用，指的是要素間產生了一種生死與共的密切關係。這種關係有更高層次的內在意義；系統中任一小部份的缺陷都將直接影響到其他部份，如能改善系統中的某一部份，則其他部份也將受惠不淺。

爲了解說清楚，我們擧一個生態學的模型——太空船來當例子（圖1.2.2)。太空船在太空中乃是一個孤單而封閉的系統，它必須依賴自己內部系統的各部份機能，繼續不斷的互相發生關係作用而維持其壽命。雖然，實質上它有着足夠的資源，但是卻受先天的限制，只能携帶着有限能量。所以，在它的系統裏，勢必盡其可能的一再循環 (recycle)，運作它的內部資源再產生其他的新資源，除非設計上允許它能夠從系統外獲得新的資源補給，卽使這樣作也都必須是預先計劃好的運作，整個系統也會因此而受到影響。這就是「系統」的特性。在太空船內的系統關係的任何改變，都必須以其總效果爲前題。所以，必須隨時小心安排系統與其他「次系統」(subsystem) 的運作，因爲任何關鍵的失敗都將直接導致整個太空船計劃的毁滅。

圖 1.2.2 阿波羅11號在太空中心裝配中之實況。

系統設計的觀念裏特別重視設計程序，必須將設計過程按其屬性劃分成幾個較大的階段，每個階段依其內容按計劃程式排定次序予以闡明，並對各階段以回饋的方法使其明確化。在設計程序中所使用的工具，並不僅限於人類的腦力或紙筆的比劃，它必須善於利用各種機械工具，配合機械化的效率研究，更必須藉助於電腦神功，輸入設計資料，由它把錯綜複雜的設計因素加以排列組合，演繹出我們急於知道的結果。當然，這些工作必須在一種有系統、有組織的形態下進行。換句話說，系統設計必須由一羣「設計小組」來策劃實行。所以，系統設計是一種組織功能的發揮，在共同的目標下，由多數人奮力追求，這才是創造的新精神。是故「系統設計」(systematic design) 也就是製作組織化的天才的一種方法。

設計行爲是一種「系統」，在這個系統裏，不但要把握住既存的機能，同時必須發揮設計的魅力，超越現實的條件，以豐富的構思預測未來的發展。尤其，在當今的需求條件日益增多，機能日益複雜的情況之下，要提高思考的精密度，使相互關係的因素能夠迅速而且精確的闡明，非使設計系統化別無其他辦法。設計上所必要的情報資料，從淺到深，範圍非常廣濶，同時由於設計者不同的價值觀及設計方法，在設計過程裏必須不止一次的重覆分析問題，回饋答案，評估效果，直到設計定案爲止。如果不以系統設計和方法學來處理，恐怕很難達到目的。

系統設計與方法學之應用於建築上是爲了達到明確的設計過程，使設計的思考途徑邏輯化 (logic)，在論理上層次分明而有系統，而不是製作一些固定不變的模式或一次即可由始至終運作於建築的設計公式。所以系統設計和方法學的應用是一種理性建築設計的步驟，目的在以系統化及方法化的明確步驟產生適宜的設計意念。

在古代建築裏，我們也不難發現各有其不同的系統設計及方法學。例如我國宮殿建築的斗口（圖1.2.3），希臘羅馬式建築的各種柱範 (order)（圖 1.2.4）及文藝復興時代建築上所運用的軸式 (axis)（圖1.2.5）等。

這就是各式建築持以爲準的系統因子，也因爲這些因子的發揮才造就了各式建築的輝煌史蹟。只不過，這些設計因子太模式化而固執不變，已經不再適用於現代建築的設計範疇裏；因爲我們所要追求的是一種合理化的設計分析，而不只是一種沈醉於「調和美」的建築設計因子。也可以說，我們現在所要求於建築的，應該是理智重於感情的；建築再也不應該那麼羅曼蒂克了。

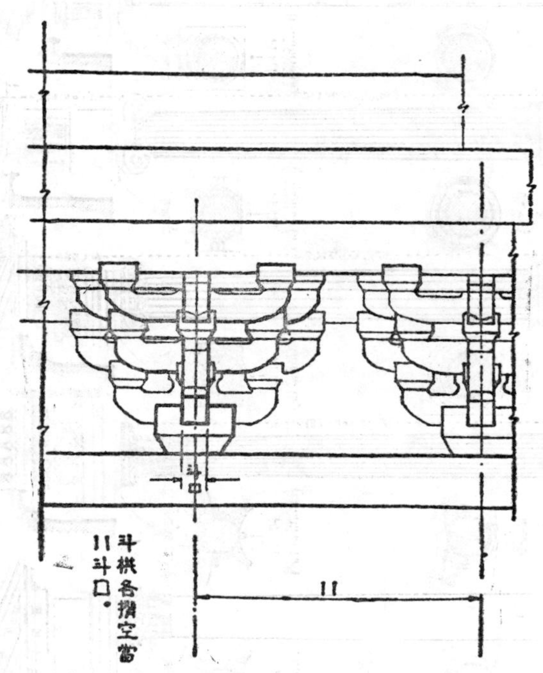

圖 1.2.3　以斗口爲度量單位之平身斗栱正面。

在社會文明愈趨昌達的今天，人與人之間相關的集體生活所發生的各種現象愈趨複雜，人們的離合集散都直接間接地影響社會的結構和需求。如何在現代都市化的狀況裏，幫助人們產生豐富的生活方式與合理的思考

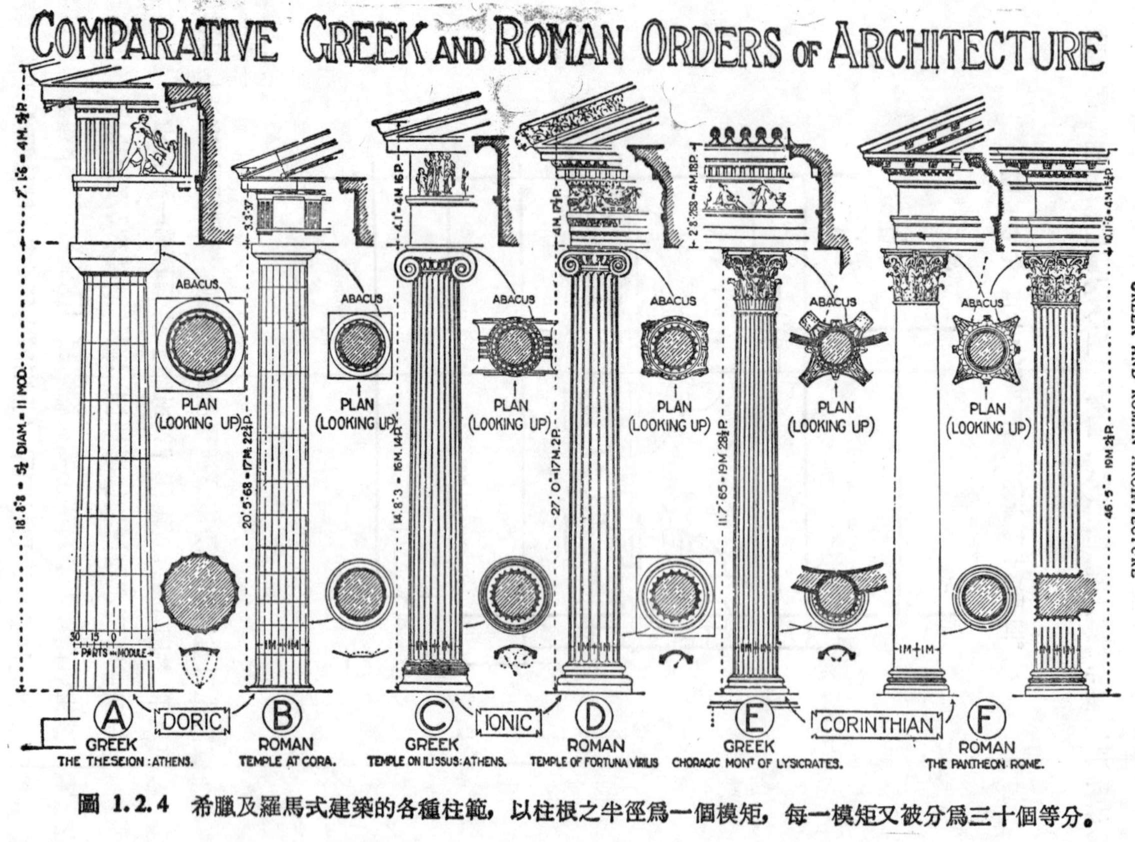

圖 1.2.4　希臘及羅馬式建築的各種柱範，以柱根之半徑爲一個模矩，每一模矩又被分爲三十個等分。

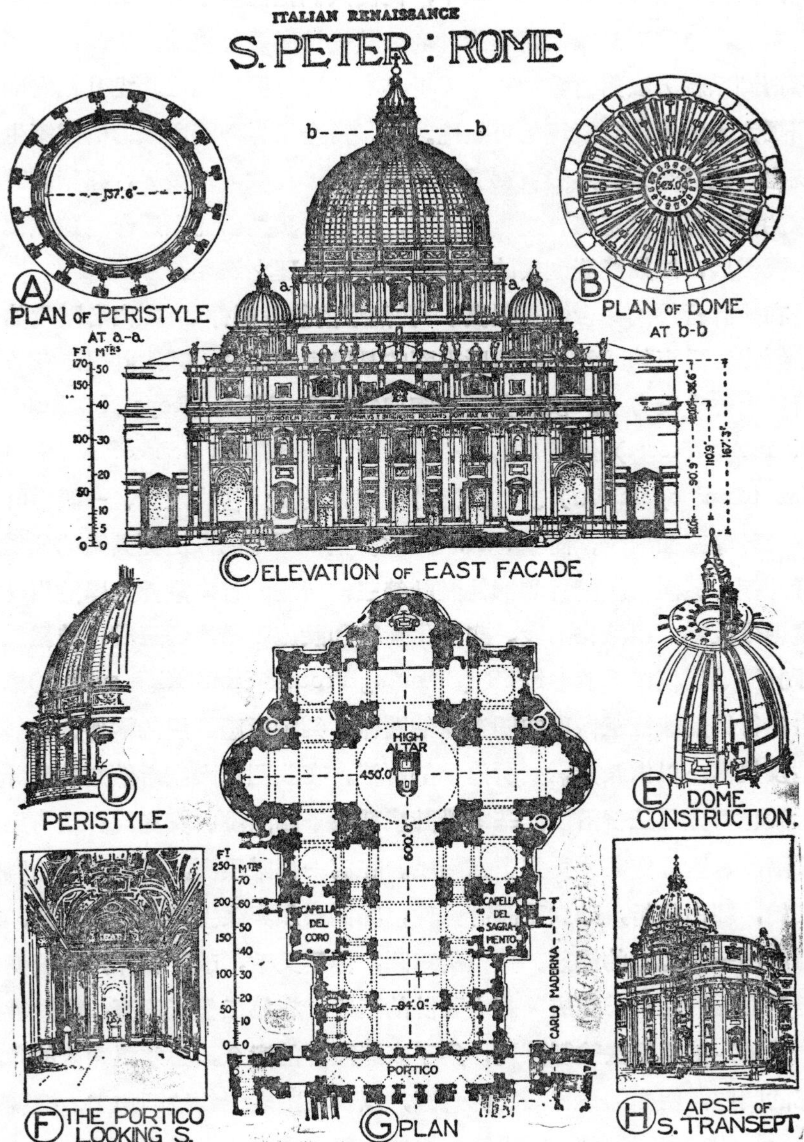

圖 1.2.5　意大利文藝復興時代之羅馬聖彼得教堂。

方法，如何在繁複而迷矇的形態下，促使人們把握整體明確的綜理方向與設計系統，這些都是我們建築設計者終其一世所要計較的。由此，我們更可領悟到系統方法對當今的建築設計具有多麼重要的地位。尤其，電腦的應用更大大的促成其實現的可能性。而，當今世界各國所致力的建築生產系統化，也就是系統方法被實際運用的見證。在我國建築界，建築設計所面臨的需求條件也正值日趨複雜之際，系統方法之研究與運作也應該被重視、被發展，以期建築產業的成長得以導入合理之途徑。

在設計行爲的綜合性過程裏，從無形的設計條件，經由各階段的分析、判定，重複的回饋、評估所得到的具體定案設計，其設計程序在各國有着不同的分段方法。依照英國皇家建築學會 RIBA (Royal Institute of British Architects) 所發佈的「小組設計作業計劃」(plan of work for design team operation) 裏，將設計程序分段爲：初步設計、一般設計和細部設計等三個階段。而 C. R. Honey 將 RIBA 的分法更具體的分爲：配置計劃、機能組織設計和構件設計等三個階段。日本京都大學的川崎研究室則分段爲：組織化階段、空間化階段和設施化階段等三段，並發展一種「計劃過程模擬系統」PPSS (Planning Process Simulation system)以評估生活行爲的機能組織與空間質量的關係，判定所應採用的構件、材料、造型及規模，以供設計需要所追求的解答。在我國被大家所熟知的設計過程大致也可分爲三個階段：基本設計或稱爲草圖階段、實施設計或稱爲施工圖階段、監理作業或稱爲監造階段。在第一個階段裏，從業主的給與條件開始，經由分析，確立了設計條件，其間必須與業主作多次的討論，才能歸納出一套基本的構想。無數的草圖，作了又改，改了再作，終於使業主滿意而認許定案，完成其基本設計的階段。在第二個階段裏，設計者必須根據認定的草圖去繪製圖說，爲了表達設計的意念，必須更深入的考慮細部的問題，明確的繪出設計的意圖，以供施工者能夠按圖施工。這就是實施設計的施工圖階段。在第三階段的監理作業裏，爲了使工程進行合乎設計的意念，從開工以至工程完竣，必須隨時加以監督、討論，是爲監造階段。

在傳統的設計方法，經常是在設計條件並不十分明確的時候，就已經確定了設計形式。這就像是：本來我想要吃一餐菜飯，但是卻給我下了一大碗牛肉麵一樣。雖然同樣可以把肚子塡飽，但是，在系統的設計方法裏，當然不允許有這類不明不白事情發生。所以，必須在設定設計條件的草圖階段裏，建立一個更能明確地判定條件的方法。實施設計的施工圖說是傳達設計意念的手段之一，監造階段的困擾往往發生在圖說表達的毛病上，設計意念的實現有賴於施工圖說的合理性與可行性。如果，在實施設計的可行性還不能十分把握之前就把設計定案，那麼，在監造階段裏，爲了達成原先的設計意念，往往引起設計變更的不良後果。再者，爲了達成設計的意念，監造階段的品質控制十分重要；好的設計有賴於優良的施工才得以具體的實現。因此，合理化施工系統也是理性建築設計裏所要討論的重要課題。

現在，我們已可確認建築的生產作業必須是一系列的系統過程。從設計行爲到施工作業等次系統的各階段之間，必須是一種有意識的系統方法 (system method)，對於外部環境的各種模式（pattern）所包含的各種不同問題關係作理性的解析，以數理科學的「量的」解析能力賦予「質的」觀念，使其分析能力達到更大範疇的探討。同時，在建築設計的各個階段的環路上，其理性的判定常依相互之間的比較來考慮和衡量。從衡量中所考慮的有限條件去探索其可能性，以期使設計能成爲被社會所接受。同時，由設計所含的機能特性回饋於社會需求，社會的需求愈大，則愈能接受設計者所爲之創造工作。

在設計過程中，以設計之整體性爲最終目標的次系統，已經在世界各國積極的研究發展中。尤其是設計程序中的第一階段，由抽象的條件轉變爲具體的空間組織上，已有多種的理論發表，而得以應用於實際設計作業上的也有不少。諸如：利用相關性分析理論、線形計劃法、模擬作業法、長蛇陣理論（queuing theory）、謀略理論（game theory）、作業研究（operational research）、活動計劃法（dynamic programing）及統計法分析用的行動特性、機能關係、空間安排等。由於以上多種的手法，我們可於不同的設計環境中應用不同的方法，以達成最合設計目標的設計答案。

是故，在整個設計過程裏，首先必須以設計者的知識與經驗來分析設計條件，確立設計準則。再按屬性分解問題，決定設計程式。有了設計程式才能按步就班的進行設計。再依據設計條件的需要收集適用的資料，構成設計意念，並以各種表達的方法作模型分析，綜合問題而完成基本設計，促使設計問題原型化。再依照原型作構件分解，發展次系統完成細部設計。然後，才是設計定案，完成建築生產之圖說，作為合理化施工之藍本。這一系列的設計過程，無時不在作回饋的步驟而加以評估和修正，而且設計過程並不能以設計完成為結束，對於設計結果之檢討也頗為重要，也許對本設計案已經來不及補救，但是對下一個設計案則可引以為鑑。

1.3 設計方法的掌握

在設計過程裏，我們已經瞭解各階段環路具有生死與共的密切關係，任何階段的設計錯誤都將帶來極大的損害，尤其是設計條件愈是複雜，其付出的代價愈是增高；這也就是促使設計系統化的一個強烈的刺激。也只有在系統化的過程之中，才有可能在極高代價的錯誤發生之前，獲得評估和試驗而免蹈陷阱。當今，設計問題已經隨着社會的變革而激烈的膨脹，變得非常複雜而困難，甚至是最有經驗的老道設計者都無法以個人的力量來評估和試驗其設計答案。因此，在系統化的設計方法能夠被明確的掌握之前，我們應該首先解決的實在是：如何發展一套「設計語彙」為設計者所共同應用；使設計者在巧運心計的思考過程中，所特有的理性組合，能夠經由科學邏輯的印證，作合理的解釋。最後得與設計問題相聯結，融合經驗與非經驗的世界，共同解決設計問題，達成設計目標。

廿餘年來，許多人都在嘗試着。但是，直到今天爲止，我們還在懷疑，是否有一套設計語彙是眞正能夠解決任一個設計問題。甚至，亞力山大（C. Alexander）以及他的同僚也遭到嚴酷的批評。Janet Daley 曾在她的一篇「建築設計之行爲主義的哲學評論」(a philosophical critique of behaviourism in architectural design) 裏，批評亞氏們是在創造他們的「私人語言」(private languages) 來表達其特殊的意義，令人摸不着邊際。因此，她主張根本就不需要用什麼專門的「語彙」，雖然有時候難免要述及許多複雜的事件，但在論及設計方面的問題時，相信以忠實而簡明的字彙，爲大家所能瞭解的字彙來表達，最爲上策。當然，Janet Daley的主張也有她的道理在，不過，也許她低估了建築學方面的「羣體」(in-groups) 的力量，況且有許多的設計者也非常希望在科學界裏，能夠由於「語彙」所產生的「尊嚴性」而爲大家所認知。然而，「設計語彙」的可貴性，乃是設計者可以藉助於專門的術語來表達某一複雜的設計思想，解釋某一複雜設計過程。當然，這種「設計語彙」必須是爲設計界所共知而確認的。

許多人也都期望，在整個科學方法的演化過程中，對問題的掌握，都能作到敏捷輕便的地步。而在今天，很顯然的，「設計語彙」之所以應該發展的最大理由，已經從人爲事物的片斷解說，演進到對設計的全面掌握的必要性階段。所以，「設計語彙」的發展，實在就是獲取掌握科學方法演化的主要工具。

設計方法的掌握，在於能否將設計問題的解析置於更爲系統化的範疇之下，依據這一系統，循序漸進地解析實質的設計問題。首先，我們必須尋求與設計問題相關的所有要素，藉由經驗、資料和其他理性的過程，調查各要素對整個問題系統的影響，並整理各要素之間的相互關係。由於，設計條件本身的需求，所應該考慮的系統因素，事實上都相當廣泛，所以，在經過系統方法的初步考慮之後，通常都被認爲還不能完全滿足所有的需求。如果還能夠想盡辦法，儘量尋找或擴張系統因素的可能狀況，使系統因素因此增多，這才是掌握設計方法的合理途徑。事實上，設計因素的增多，並不是使設計問題變爲複雜和困難，而是爲了使問題的掌握方向變得更爲正確。當然，「控制」和「觀察」的意念過程，在這個時候是必要的手段；使我們不致在此繁多的因素中沉迷不解，而不知如何去判斷「適當」與「不適當」。系統因素的擴大，並不只限於設計目標本身所必須具有的機能系統，我們更可以試着由生產系統來考慮。以現行大量生產的構件產品急速增多爲例：合板素材的出現，已經有數十年的歷史，近年來大量生產加工的門扇及墻板才大批的應用於建築上。又如鋁料加工之門窗等。諸如此類，都將影響設計系統中的構件因素。因此，系統內部的（機能）因素與外部的(構件)因素的分類，對整個系統分析（system analysis）有着極大的影響，我們必須愼重考慮，才能構築一個合理的系統因素。

其次，爲了有效地掌握設計方法，在有限制的設計條件之下，爲了使系統作業達到最佳境界，我們必須有一個適當而理性的評估標準；這也就是系統作業的最高指標和方向。除了以單純的「數量」作爲系統的評估標準之外，對於大規模而又複雜的系統，其評估的尺度應該還包含着更高層次的標準。例如：適當性（adequacy)、接近性（accessibility)、變換性(diversity)、可塑性（adaptability)、有效性等。在評斷一個設計方法的實質效用時，我們可以經由創造性（creativity)、合理性（rationally）和設計過程的控制（control）等三個方向來判定。從創造性的觀點來看，設計者是一個「黑箱」（black-box）（圖 1.3.1），從這個黑箱的過程裏，將許多神秘的構想創造出來。從一個輸入（in-put)，可以得到一個輸出(out-put)，但是，在箱裏進行的過程是什麼，則一無所知。從合理性的觀點來看，設計者是一個「玻璃箱」（glass-box）(圖1.3.2)，從外來情報的輸入之後，它在箱裏的進行過程很明白的被人們所知道，有條有理，交待清楚，完全可以解釋。這是一個合理的途徑，合乎科學的邏輯，也是今天的設計價值觀裏被強調的一個重點。從控制的觀點來看，設計者是一個「自我編組系統」(self-organizing system)，能夠自己編組設計捷徑或方法，跨越已知的設計方法之境界。並且，最直接地導入設計理論的實質效用，使我們在評斷實用的設計方法上，邁上另一個更高的評估層次。

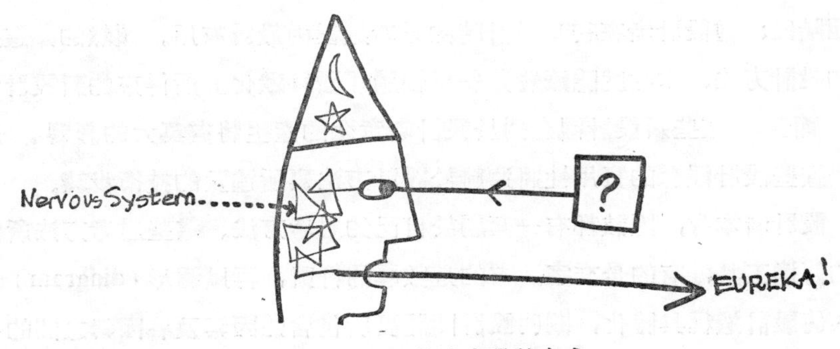

圖 1.3.1　黑箱式之設計方式。

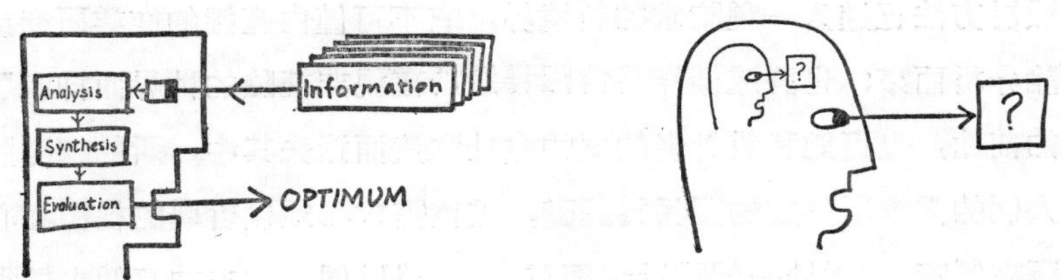

圖 1.3.2　玻璃箱式之設計方式。

再次，爲了實際的掌握設計方法，必須將設計問題解析後予以模型化，作成系統模型(system model)，才能根據此一模型進行「模擬作業」(simulation)，使設計問題在「原型化」(prototype) 確定之前，對設計問題能夠作更深入的分析與查對；可利用適當的模型的製作、繪圖、計算和實驗等各種方式，使設計問題得以回饋到原先的準則或條件上，依據回饋內容的具體化來判定設計方法的良莠。而模擬作業最主要的工具是利用電腦來作數理的解析，它可以更快的速度使我們得到更明確的判斷。

直到今天，許多新的設計方法已經被發展出來，就我們所能認識的，例如：腦力激盪法（brainstorming）、異象法（synectics）、綜合歸類法（synetcus）、有機化（bionics）、形態學分析（morphological analysis）、屬性表（attribute listing）等。這些新的設計方法大都着重於基本設計的草圖階段；當設計者在初步設計時的思考過程中最爲有用。顯然的，這些新的設計方法，本身就隱藏着某一種經過「潛移默化」所得來的新設計觀念，而且，這些新設計觀念對於設計者意念的產生將有莫大的影響。所以，這些設計觀念的實用性將遠勝於設計方法裏所述及的技術步驟。

設計者本身，應該都有一套屬於自己的思考方法。這些思考方法所使用的傳達工具，有的是文字，有的是數學的符號，再以圖形（diagram）的方式使設計過程具體化，闡明設計問題裏所包含的因素及各因素之間的相互關係。

設計方法正進入一種詢求的新境界，它不可僅由直接的作業研究或圖解理論分析而來；也許這樣作將會因爲過於重視非經驗的世界而抑制了設計者的前途，也可能和設計者的標的愈扯愈遠而迷失其中。新的趨勢將是經由人們的需求所構成的關係爲基礎，這種需求必須以哲學的根源和心理的反應來判定。對於一個設計者而言，他將以個人功夫的高低去做很多事，而且，他所要做的事也就是他所要想得到的結果。新的設計方法，看起來很像設計者老早就知道他想要怎麼去做。其實不然，他們還是必須經由作業研究、系統分析、電腦及新的數學方法的演繹等有效的技術爲根據來做他們的設計。但是，他們應該不被這些設計技術所支配；設計程序的本身，將使設計者決定那類的設計技術可被運用。雖然，這些設計過程的有效性和步驟內容都已經很清楚的被認識，但是，我們到目前爲止還是準備的不夠週全；我們必須以建築的術語或個人的哲學語彙來說服自己，我們必須苛求自己作一種實質而有內容的訓練，使我們在談到「變數」(parameters) 或「偶發的行為系統」(behaviour-contingent systems) 或「關係」(relations) 的時候全身感到自然而適暢，毫不彆扭。

我們希望，在這物理的世界裏能作更爲科學的認知。正如墨家所言，把科學知識分爲「親」、「聞」、「說」三類。「親」是實際觀察，要開放而客觀。「聞」是聽聞閱讀，要集思廣益。「說」是循序推理，要合乎因果，舉一反三，才可開展我們的知識範疇。我們也希望在這設計的境界裏能有人熱心的關懷人類的需要，在長期的設計過程中能確保其哲學的方向和理性的方法，使日新月異，則設計方法才能開始發揮它的目的，使建築能夠在理性的環境中成長，壯大。

第二章　設 計 目 標

2.1　委託人與設計者

在大學裏，建築設計的第一個題目，經常是要求學生們設計一個簡單的遮蔽所(shelter)。學生們必須從自己生活的經驗裏尋找構架的方法和使用的材料，然後繪製一份八分像「畫」二分像「圖」的所謂「設計圖」，差一步就可開始着手興建了。事實上，這個題目的背景，只是爲了某種需要而作的遮體建築而已。使用者的意圖非常單純，不是爲了遮太陽就是爲了防風雨。在老師的眼中，這時候的學生還不是一位設計者或建築師，倒不如稱之爲初期的「承包商」更爲恰當些。

歷史上，建築的行爲也就是這樣開始，委託人與承包商的關係也從此產生。在我國民間的建築裏，盛行着包工制度，由當時的員外或莊主找來一個總承包商，指指點點就這麼蓋。於是，總承包商找到了供應構件和材料的建材商，以及現場供應工具和勞力的小承包商。就這樣一座「土裏土氣」的民間建築被興建起來。這種行爲的關係，在於不需要專門知識的建築時代裏還可勉強的維持着。然而，社會結構的變化，使人們在生活上有了新的需要，爲了適應新的生活，就產生了平面計劃和設計，以及新材料和技術等建築上的問題，使設計與承建必須分工負責，也使建築師的職能因此產生 。 這時候的建築師 ， 必須與委託人及其他各承包商作直接的連繫，建築師除了設計繪圖之外，還得親自編訂施工說明書等工作，完全是一手包辦設計及監造的個人業務行爲。在社會經濟複雜的情況下，估價師

(quantity surveyor)的加入工作是必要的。尤其是大型的工程，估價師必須直接對委託人負責，其估算的造價需付保證的責任，所以，也必須與建築師及總承包商作密切的連繫。在更大規模的工程裏，其關係的組織方式也同時需要作適當的擴充。工程顧問，如結構、設備等工程師，與建築師及估價師同樣必須直接對委託人負責，並且還必須與建築師分擔設計及管理的職責。

事實上，建築小組(building-team)的變動情形，已經由過去的一般企業或事務所的組合，演變成為大規模的總承包商，以本身的財源來經理營建、銷售、出租或自用的局面，這時候的委託人與各單元的關係已非往日可比。以建築生產方面而言，大致可以分為四個小組：其一為企劃小組，包含有投資分析者、市場研判者、建設企劃者。其二為設計小組，包含有建築師、工程師及各專門設計師(如：園藝、彫塑、畫家、室內裝飾等)。其三為營建小組，包含有營造廠、專門工程業(如：基礎、設備、機械等)。其四為構件工業小組，包含有原料業、製造業、建材業等。這四個小組的融合，構成了一種新的委託體制，使委託人與設計者的距離變為無形。自建築的興建計劃開始，直到竣工交屋為止，委託人與設計者一直站在同一立場，以理性的分析方法來設定設計條件，確立設計目標。

一般而言，委託人都有他自己對建築設計的構想，也許這些構想是他親身的經歷，也許是他所迫切需要的。但是，委託人所提出的「給與條件」，大都不很嚴緊，以致對設計而言都不可能構成限制，即使非常有條有理，對於設計而言也大都不足以構成為「設計條件」。所以，從委託人的給與條件開始到設計條件之間，的確有一段距離，要使設計條件齊全完備，則有賴於委託人與設計者之間的通力合作才得實現。就好比是報案人與警察的關係一樣，警察必須從報案人的片斷言詞中，經重組、思考和修正而得案情的大致方向，設定辦案的目標。

近年來，國內盛行以競圖方式獲取設計原型。其競圖辦法的擬定，最主要的部份在於給與條件或設計條件的設定。而我們所見到的，很少能夠在辦法內有個齊備的提示，往往迫使參加競圖的建築師，只能憑着揣摩或自以爲是的推斷中從事設計條件的設定。就像攻城掠地而目標不明，在「敵情模糊」的情況下，建築師們不知出了多少冤枉力，做了多少虛工。所得的結果，不是掛一漏萬就是百無一用，使得委託人與設計者雙方都增加了許多困擾。爲了使委託人的意圖明確化，委託人在擬定競圖辦法之前必須預先與建築方面的專門顧問（consultant）作意向討論，對建築生產程序的各種條件予以整理，才得使給與條件具體化，也才能使設計者設定正確的設計條件與設計目標（圖 2.1.1）。

1. 萬國戲院地區土地利用概況。
2. 萬國戲院基地現況及地籍圖。
3. 萬國戲院改建使用目標。
4. 萬國商業大厦建築設計詳細內容。
5. 萬國商業大厦建築設計趣味問題。
6. 萬國大戲院致事會建議事項。
7. 萬國商業大厦競圖注意事項。
8. 邀請建築師事務所參加競圖之酬金。
9. 設計費及結構計算費用計算之比率。

圖 2.1.1　萬國商業娛樂大厦競圖計劃資料大綱:

由於設計者在於職業性的潛能上，對任何一件事物的觀點或思考方法，都比委託人較爲廣泛而深入。因此，不論是對人、對事或對物，設計者總是以爲自己的觀點是經過理性分析的過程而來，也一定是絕對客觀的看法。事實上，卻經常是固執的絕對主觀。所以，設計者通常是不太容易幕天席地的接受委託人不同的看法和意見。設計者對自己的能力，固然必須有充分的信心，但是卻不能矯枉過正，對於委託人的需求也必須尊重。設計者的本職是以學識和技術爲委託人解決建築的問題，使理想成爲事實，使抽象成爲具體，而並非在於滿足設計者自己的愛好和想法。所以，無論設計者作任何的創造，都必須不與設計的目標背道而馳。設計者對於每一件接受委託的設計工作，都必須抱着無比虔敬的心去做，沒有一件工作是不重要的或輕而易擧的。我們確信，一個隨便下判斷或常說事情簡單的設計者，他所作出來的作品也必定是個膚淺而草率的設計。一個好的設計，如果設計者都不能自知是怎麼設計出來的，那就不能算是一個眞正的設計，再好也只不過如盲人之扣槃捫燭而已。所以，設計者對於委託人的需求必須實事求是，以客觀的分析爲委託人尋求合理的設計條件和設計目標，滿足其實質機能的需求。這也就是設計者在理性設計中所應有的基本態度。

反過來講，設計者對委託人的意見也不是唯命是從。設計者對委託人的意見，所謂尊重是指對適合於設計目標所給與的條件而言。有許多委託人經常因爲想模仿所經歷過的某處或某種作法而給與某些對設計含有混亂性的條件。但是，設計在合理的情況下，必定有其完整的系統性，如牽一髮而動全體，則設計者必須小心這類無形的陷阱，以免在設計過程之初就陷入困境而不能自拔。如果，爲了投其所好而唯命是從，那麼，對於設計者及委託人都將帶來更多的失望和困擾。到頭來，連設計者都不肯承認這是他所設計的作品（圖 2.1.2）。

我們深信，一個建築設計的成功，沒有比獲得委託人的瞭解與共鳴來得更好的。有水準的委託人是最好的一類，但是如何提高委託人的鑑賞水準？由討論、參觀或其他方式都不失爲一種好的方法。這就要看設計者本身所擁有的資詢與說服的能力了。

總歸一句話，委託人與設計者必須形成一種極其密切的關係。設計條件的設定與設計目標的確立，全賴於委託人與設計者之間的通力合作才得實現。

圖 2.1.2　設計者與委託人之關係絕非唯命是從而投其所好。

2.2 設定設計條件

通常， 當我們的身體不適服的時候， 總得上醫院看看醫生。 見了醫生，一定得把身體的那一部位不適服告訴醫生，好讓他分析你口述的症狀來對症下藥。病人所能給與醫生的是一種片斷的症狀，也許還會要求醫生給些什麼藥，而事實上，很少有醫生會依照病人的要求給藥，除非這種藥是病人所眞正需要的。

建築師和醫生在實務的模式上有點相似，所以能被稱爲專家，主要的還是因爲能夠分辨出什麼是要求，什麼是需求。

在設計上，委託人的要求是一種「給與條件」。是委託人以自我的意識所表達的希望，所以，並不見得就是設計者用來確定設計目標的「設計條件」。當然，每一個設計都必須先有設計條件，而事實上，設計條件的起步也都來自給與條件，但是，兩者在意義上並不相同。給與條件大都是委託人對設計者的設計方向，限制在某一範圍內的要求，很難立即根據這些給與條件變成爲建築上的設計條件，而馬上進行設計作業。因爲，給與條件大都與建築生產程序沒有太大關連，委託人也無法詳盡的知道建築上的許多問題。所以，設計者應如何將委託人的給與條件綜合成爲建築上的設計條件，是爲設計行爲中頭一步所要作的。

在學校裏， 學生們經常被要求講述自己的設計程式。 這種教學的方式，除了可以使老師們更能深入地瞭解學生的設計內涵之外，另一方面，對學生而言，也是一種口才訓練的機會。

事實上，身爲一個設計者必須具有較佳的口才，才能在設計程序中，對於委託人的給與條件作適當的誘導，以尋求委託人眞正的需求。通常，委託人的給與條件是片斷而零亂的，設計者必須學習如何去容忍與認同委託人的奇思怪想。設計者必須提供處理問題的經驗，以各種詢問的技巧和委託人共同討論，以檢討委託人眞正的意圖。

要如何去分辨要求與需求之間的差異是件很難的事，設計者必須與委託人作多次的會談，愈多愈好。從委託人方面來看，往往是先決定要求形式之後再獲得需求內容。就好像找服裝設計師作衣服一樣，先是決定要作一件上衣，經過設計師耐心的誘導，乃獲得如領子大小、袖子長短和口袋深淺等細部的式樣。在設計程序中，構成上衣的領子、袖子和口袋都是委託人的一種要求，也是委託人的給與條件，而其尺寸及式樣的變化範疇將成爲設計者的設計條件。

所以，設計者必須從委託人所表達的各種要求中，藉某種方式來綜合整理，檢討修正，才能逐漸明確化而成爲建築上的設計條件。在這轉化過程中，經常摻入設計者的主張，因此設計者的功夫高低將使設計條件之設定受到相當大的影響。

在設計者與委託人的會談中，問題的範疇愈是廣泛就愈能夠發掘其實質的需求。從詢問中可以產生更多的基本概念，尤其是牽涉到「人的因素」比建築的型式或材料的選擇更具重要性時，設計者必須更徹底地去探討「人」與各種設計對象之間的相互關係。如人（man）、空間（space）、能量（energy）、工具（tool）和環境（environment）所構成的關係，並瞭解各因素之間相互關係的深淺程度。如此，才能使給與條件明確地導入設計條件。

探詢給與條件的對象，並不只限於委託的主角人物；有時，單是主角人物的詢問，並不能發掘問題本身的主要重點。設計者必須針對着發生問題的對象，爲探詢問題的對象。例如，當探詢住宅設計的給與條件時，不只詢問男、女主人，也必需家庭其他成員所發表的意見，甚至一天到晚使用廚房的佣人也是設計者探詢問題的對象。當探詢工廠設計的給與條件時，不只詢問廠長或經理主管，甚至工人也應該列入探詢問題的對象。我們希望，從上到下，代表各階層的人發表他們各自的要求，因爲使用的人最瞭解問題的發生與需求。

調查或搜集各種機能性質相似的建築設計實例，也是一種詢求設計條件的明智的方法；研究其設計條件，發掘其問題，選精拔華可作爲參考。尤其，數據資料更是設定設計條件所必需時，從建築設計實例的研究中，設計者可求得更爲完美的設計資料。古老的建築物，引誘抄襲的動機最少，可以得到很多的啓示。尤其，歷久還能善用的古老建築物，我們可以從它的歷史演變中發掘其明確的時代適應性，這對於設計條件的設定及設計準則的確立都是頗爲可貴的資料。

設定設計條件實非易事，儘管我們廣泛的收集、探詢了相當數量的資料，我們還必須分析這些資料，以確定何者爲適合應用，何種資料必須被割愛。否則，在設計程序的頭一步，將帶來不勝其繁的重負，也將很容易使設計者誤入歧途而迷失方向，所謂「痛苦」的設計卽由此產生。

無論設計者以何種形式去完成建築，或以何種方法去進行設計，設計者所必須把握的大前題，決不能與設計目標相違背；設計者必須創造最適當的空間環境，滿足該空間的需求。所以，設計條件設定之前，對於設計目標的次目標，必須能夠分別輕重。若是，該建築以意匠爲設計目標，那麼就必須在造型的形式上求其特殊的效果，以滿足其強調紀念性的精神。若是， 該建築以純粹機能爲設計目標， 那麼就必須考慮其機能變革的要求。若是，以建築生產程序爲設計目標時，那麼就必須預先考慮其施工方法的形態。所以，設計條件之設定，一方面是如何誘導給與條件，整理給與條件，另一方面是分析設計條件，使之輕重有別。否則，將無法確立設計準則。

爲了能夠以明確的形式，將給與條件導入設計條件，設計者可以利用「因素關係網」（圖 2.2.1），將設計對象的相互關係加以記錄，使因素之間所具有的領域，以圖表的方式表示出來。在圖表中，可以依各行各列相互對應的關係度加以記錄，以便將來分析任何一個因素時，可依表核對

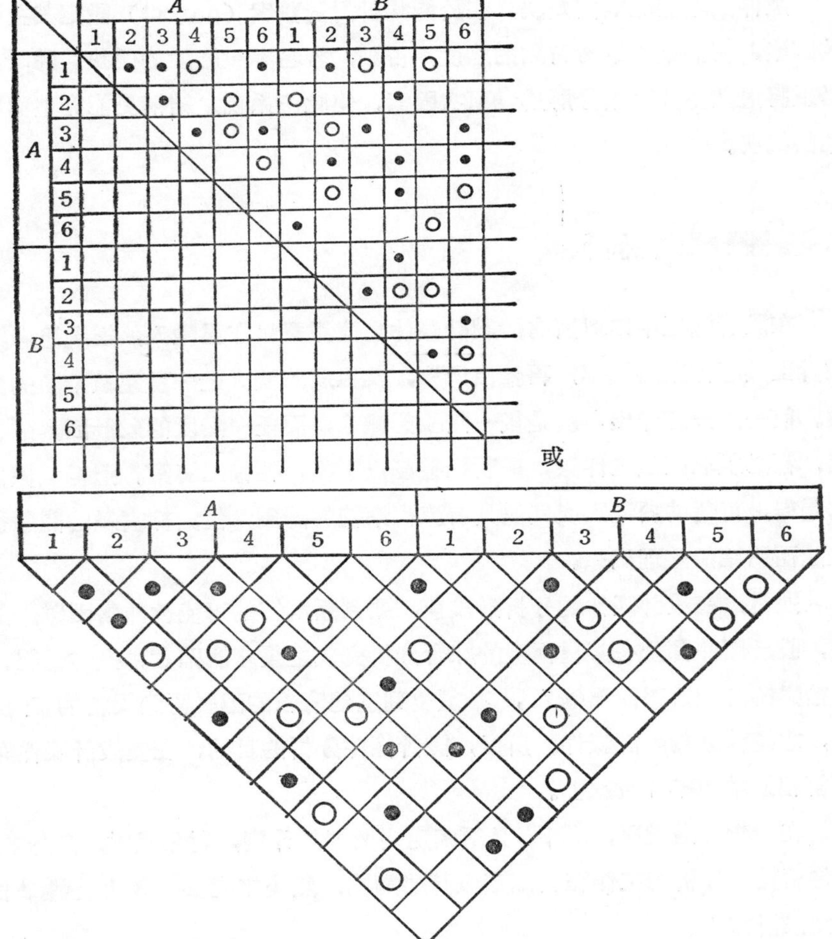

⊡密切關係　◎次要關係　□毫無關係

主要因素 A. B. C. ……

次要因素 1, 2, 3, 4, ……

圖 2.2.1　因素關係網

其相互關係的高低程度。

製作因素關係網的要訣，在於能夠針對計劃案（project）設定其主要的因素，務必避免過份苛刻的態度，否則，容易導致結論的偏狹。同時，必須將這些主要因素分解爲幾項次因素，使此一系統之結構更能完整而明確的闡明。

2.3 設計條件分析

在設計過程中，以所有的設計條件之情報資料作爲輸入，經過思考與設計工具等作業的過程，再輸出解答，其組成的模式是一種連續不斷的循環。前一階段的輸出，就是後一階段的輸入，而任一階段的設計因素的改變，都必須以回饋的作業，重新調整修正之後，再輸出答案。這種機械化的過程，可藉助於電腦或其他具有流程系統的計劃，使錯綜複雜的問題很快速而明確的整理出來。

通常，在設計條件的分析階段前，要判斷解答的可能性非常困難。所以，設計條件都是在某種程度的綜合分析完成之後才能確定。換句話說，由給與的各種情報作爲輸入，必須俟到這些情報的配置得到妥當的安排後，才能稱之爲設計條件。所以，設計條件分析的目的，在使設計條件與解答相連結而不「脫線」。

在分析的階段裏，設計者必須確定要做的是什麼，對象是誰，怎麼作。換句話說，分析的工作在於確定設計的動機，然後才能依據評估及選擇來確定設計準則。

大凡，人類的生活系統裏，由人與人或人與其他因素間之相互關係所構成。如果，想要掌握其設計的對象，那麼，必須把其中許多構成的因素加以分解，再作整理，促使該一變化多端的系統明確化。

這個系統應包含着人、空間、能量及工具等四種因素與環境的影響所構成。而，環境與系統之間的關係，經常保持在一種變動的狀態中；由於觀念的不同，環境與系統的領域也會產生差異。在設計程序上，由於設計目標或設計條件的變動所引起的種種困難，幾乎都是源由於觀念問題的變革所造成。所以，一個設計定案，即使在設計已付諸實施後，仍應就現況因素之改變而作適當的調整設計。尤其，在都市設計上，所以強調彈性設計的主要原因，也就是因爲，唯有彈性的設計才能隨時因需求而作合理的調整。

從社會的觀點來看，經濟的成長，促使個人生活的改變。因爲，物質生產力的擴大，使國民所得急速上升，消費能力增加，其間相互影響，再促進經濟之繁榮。由於，工業生產效率之積極改善，不但使產量增加，更使工作時間變爲縮短，使人們有了更多的剩餘時間，作爲休閒消遣及活動交遊之用。同時，由於交通便利，使空間距離爲之縮短不少，也擴大了人們活動的時間帶，促使活動類型的增多。由於報紙、廣播、電話及電視的發展，使情報傳遞增快，又由於電腦的運作，使人們要求更多的物質與活動的情報訊息，更能迅速地選擇和決策。因此，經濟的成長所產生的社會現象，造成人類對於價值觀念的極大變化。這些由於環境的變革所造成的不同觀念問題，促使設計條件爲之變動。

因此，設計若想滿足各種需求實非易事。社會在不斷的變革，人們的價值觀也隨之而變；環境在不斷的變化，人們的需求也隨之增多。所以，設計條件實在不可能在這種繼續不斷的變動中提出一個明確的定案。我們僅能就現階段「瞬時」的需求作一種較爲「彈性的方案」，隨時準備接受因成長或變革而作必要的調整與修正，以保持其系統之整體性。如此，才能使建築和生活系統融合成爲一體，使環境與社會相形並進。

設計條件的內容，依建築的形態及給與條件的趨向而有不同的範疇。通常，一般性的設計條件包括下列四種:

一、設計環境:　1. 區域歷史沿革

2. 社會、政治及經濟動態。
3. 地區人口及產業動態。
4. 地方風土及習性現況。
5. 都市設施及公害現況。
6. 區位地象及氣候記錄。
7. 基地地形及景觀現況。
8. 鄰棟基地關係。
9. 環境改善計劃。

二、機能條件: 1. 外部動線關係。
2. 供應設施計劃。
3. 內部動線關係。
4. 性能與頻率變化之適應度。
5. 生理及心理反應。

三、建築計劃: 1. 地政及產權記錄。
2. 地質及地物現況。
3. 法規限制資料。
4. 面積及容積分析。
5. 設備計劃條件。
6. 空間配置計劃。
7. 構造方式分析。
8. 造型及意匠條件。
9. 材料及維護規範。
10. 營建方式分析。

四、設計規模: 1. 經營計劃條件。
2. 成員系統安排。
3. 管理方式分析。

4. 成本及預算狀況。
5. 工程規模概念。
6. 基地利用度計劃。
7. 未來擴展計劃。

設計者對以上這些設計條件，必須作繁重的調查與分析。當然，在這一調查與分析的階段中，設計者可能會發現，某些設計條件之現況或已滿足設計之需求，那麼，可能捨棄或減輕該一設計條件之必要性。否則，必須在設定設計條件時，給予特別的強調與重視。

因爲，設計者對建築觀念的直覺與意象，常使設計條件之設定產生頗大的出入。所以，在此一調查及分析階段裏，必須確實以實際情況爲依據來作分析，必須力求條件之正確性，作爲結論與方案的基礎。若能求其數量化，則對未來評估之計算頗爲有利。

對於設計條件之詳細內容，必須落實而不空泛。否則，容易成爲口號而無確定的標準，反而使問題變爲困難，無法針對問題所在與需求來對症下藥。

在設計條件的分析中，同一個問題常常有許多種解決的答案，其取捨又常與設計環境有極大的關係。何況，不論設計條件資料的收集如何齊全，也不可能達到需求的充分程度，而且，設計條件本身也必定含有某種程度的容許差度。因此，如何選擇正確的解決方案，便成爲一個很大的問題。這時候，設計者本身的修養、教育和經驗，便成爲一個重要的影響因素。

設計者應儘量提出各種狀況的解決方案，供委託者作爲取捨之用。嚴格的講，設計者並無充分的權利來替委託者作決定，因爲委託者最了解自己眞正的意圖。設計者必須在作成初步方案之後，再回饋到原有的設計目標，應在這最高層次的目標相一致之下，與委託人再作多次的檢討。最主要的，必須檢討此一初步方案是否代表着解決問題的眞正方向。爲了增大此一設計方案付諸實施的可能性，設計者必須與委託人時時保持連繫，彼此溝通意見，達成協議；這是現代設計者所應了解的一項重要的原則。

所以，設計條件的分析工作，首先應以現況資料調查或記錄爲本題，經過分析與衡量，才能提出初步方案，再回饋到原有設計目標，作方案的檢討、評估與修正，而後才能從許多方案中作一選擇，以設定設計條件，也才能據此以確立設計準則。

2.4 確立設計準則

在合理的設計程序上，確立設計準則是一項非常重要的關鍵。經過調查及分析的設計條件，多次的評估及修正之後，爲了決定適宜的正確答案，必須要有一種卓越的藍本，作爲達到設計目標的一種比較的準繩。換句話說，設計品質的良莠，完全依賴設計準則所確定的水準。所確立的設計準則愈是嚴密，則設計目標的成功的百分比愈高。反之，則易導致設計目標的失敗。

在設定的設計條件中，雖然各種條件所需的項目均能一一列出，但是各項目之間，頗難掌握其關連性。因此，在開始作設計時，並沒有一種很好的方法能夠逐條加以核對，使各項目之間很自然的串聯起來。所以，考慮的項目雖多，而實際應用上卻很難面面並顧，結果倒以經驗爲先決條件。這在理性的設計上，等於沒有一定的標準，其實質則缺乏設計之系統性。

設計者，必須建立自己的「核對表」(check list)，使設計方案得與設計條件相符合，並可核對其設計意圖是否堅強，才能有足夠的信心達成設計目標。對於各項目的重要程度，都必須在事先予以明確的表示。最好，能使其數量化或模式化（pattern），使初步設計的階段就能依據限定的項目及各項的重要度去完成草圖。

在決定各條件因素的重要程度之順序上，設計者可利用相互關係之「矩陣」圖表來整理（圖 2.4.1）。因爲，在重要度的比較上，經常由於設計者的觀念差異而有所不同，所以，在重要度的分析上，小組作業的應用甚爲必要。設計小組在整個設計過程中，也就從此開始「爭吵」。但是，不論採取獨立評斷或集體決擇，設計問題的明確性，總是必須經過這一衡量的階段，才能使設計條件中的各因素得到適當的取捨。

X比Y重要劃⊡
合數愈多愈重要
故重要程度之順序爲
B. D. C. A.

y \ x	A	B	C	D
A		●	●	●
B				
C		●		●
D		●		
合數	0	3	1	2

圖 2.4.1　矩陣分析圖

經過衡量後的設計條件，必須使原則性的內容轉化爲具體的數字或肯定的語句，並且給與適當等級的評分後，才能有條有理的確立設計準則，有根有據的評估設計目標。玆舉例如下：

起居室的設計條件	起居室的設計準則	
1. 舒適勻稱的長方形。	1. 面積 $20M^2$ 以上	5
	面積 $30M^2$ 以上	10
	面積 $40M^2$ 以上	20
	長寬比 1/3 以上	5
	長寬比 1/2 以上	10
	長寬比 2/3 以上	20
2. 動線不貫穿生活空間。	2. 經起居室側邊通往各房間。	10
	不經起居室通往各房間。	20

3. 有談話用的傢俱。	3. 至少有兩張長沙發的墻面空間。	10
	至少有四張沙發一張茶几的置放空間。	15
	有全套五人用沙發一組及茶几的置放空間。	20
4. 有視聽設備。	1. 有置放電視機之墻面空間。	5
	可置放電視及音響組合之橱架。	10
	可供綜合性放置電視、音響及唱片、錄音帶之組架的空間。	20

諸如此類，由設計條件轉化為確定性的設計準則，對於設計者而言，不但使草圖容易下手，並且，在完成初草圖時，還可回過頭來核對初草圖的成功度。所以，設計準則也就是設計目標的一種比較的準繩，也是設計方案的一種「核對表」，其功能在確信每一件細節都在考慮之列，而不會有掛一漏萬的顧慮。

阿斯頓大學 (the University of Aston in Birmingham)的化學工程系教授格利高里(S. A. Gregory) 在化學工程和建築方面作了某些推論。例如，在設計大型的化學設備方面，只要有一個簡單而精確的系統分析表，就能很快的核對出整個設備的成本。由於核對表裏有了完整的「機能單元數」(functional unit number)的存在，所以在核對過程中的每一個步驟都可被確定。因此，設計者的職責是在儘可能的使機能單元數得以精確。不僅如此，並且不論這些機能單元數如何的複雜，這套系統還是要求其同樣的準確性。因此，設備的成本隨時可達到廠方所要求的最低成本的目的。

這套理論也同樣可以被應用於建築或都市設計方面。在設計過程中，提供了大量的分析方法，這些方法不僅僅只用於評論設計品質方面，同時也可以應用在交通、環境或管路和其他對成本控制極爲苛求的生產系統方面。

雖然，設計準則是一種比較的準繩，但是，卻不可視爲一種固定的公式。幾經我們的探討，可以確知，幾乎每一個設計都會有它獨特而異殊的需求。但是，設計條件的變異，常因委託者對環境的價值觀念的不同認識而產生變化。事實上，設計條件的改變，其本質也十分複雜，也許是生態的需要，也許是社會環境的變革，其理由之多隨時隨地而異，我們也不得而知，唯一可能的，我們僅能憑靠預測而已。因此，要我們在這些原因和結果之間，設定一種毫無彈性的設計準則來適應其變化，那將是一件非常不妥的方法。

既然，我們不可能以技術性的方法，設定一種絕對的設計準則，來適應變化多端的設計條件。那麼，唯一可行的辦法，唯有提高設計準則的「可適性」。這種可適性的設計準則可以讓委託者根據當時的需求作必要的界定，而以當時的技術或經濟條件，對設計品質做適當的調整。

在這種原則之下，讓委託者能夠從「曖昧」中，對其居住的環境作更多的選擇性。設計者應儘其可能，對設計條件的變化作最少的預測，對設計準則的可適性作最大容許的可變度，儘可能避免極限的尺度。這樣，才能「創造」一種較多的選擇性和較爲恒久的設計品質。

下面我們列舉某建築師事務所對於一個「工廠內的員工福利中心」設計的實務作業，來說明設計者應如何從設計目標去分析給與條件，設定設計條件並確立設計準則的轉化過程。

■設計目標

1.10 當今勞動力資源缺乏的情況下，工業生產環境的改善與員工福利的提高，已經成爲工業經營的一大課題。

1.20 今有某製造合板素材之木業公司，於廠區內已建有 640 個床位之套房式宿舍一棟，並已開始使用。

1.30 惟廠區員工之餐廳，仍然延用多年前建造之木作房屋，不但設備已不敷應用，其衞生條件更形簡陋。顯然，對員工之身心健康已造成嚴重威脅，更影響工廠之生產作業管理，爲實際之需求，非徹底改善不可。

1.40 因此，該廠計劃於廠內之宿舍區，興建員工福利中心，作爲員工餐廳及其他福利活動之用。

1.50 爲謀員工之更高福利，徹底改善生產環境及提高勞動力之素質，故本福利中心應以較高水準之機能計劃爲本設計之目標。

■給與條件

2.10 門廳

2.11 進口門廳，應講求氣氛，並可拱交談及待客之用。

2.20 用餐

2.21 本廠員工用餐時間，爲配合生產體制，可分爲二班用餐，每次用餐時間約爲一小時內完成。

2.22 爲保障員工身心之健康，厨房及餐廳應講求衞生，並以能節省人工成本爲原則。

2.23 爲增進員工用餐之食慾，應將餐廳美化。

2.24 用餐後其殘菜應收回出售。

2.25 爲顧及員工飲食習慣，餐廳可附設販賣部，以供應速食、西點、零食及飲料等，並可兼售日常用品，以供員工之需要。

2.30 活動

2.31 本廠員工經常舉辦乒乓球及撞球比賽。

2.32 本廠員工亦經常舉辦棋藝及橋牌比賽。

2.40 服務

2.41 爲方便員工儲蓄及廠方發薪，擬由廠方自辦或洽請商業銀行協助辦理銀行儲金業務。

2.42 每一員工必需有自己的信箱，並擬由廠方辦理郵電服務。

2. 43　本廠規定，凡員工之制服必須隔日換洗，故擬由廠方自辦洗衣業務，除制服免費外，其他員工之衣物酌情收費。

2. 50　教育

2. 51　廠內員工以女性爲多（男：女＝1：3）故有設立裁縫及插花教學班之議，另有語文及其他學科之教學班等亦必須考慮。

■設計條件

3. 10　門廳

3. 11　應有一個較爲寬暢之門廳，除交通空間之外，應有交談及待客的空間，並加重其感性的處理。

3. 12　由門廳可與其他各特性空間之動線相連接，以發揮門廳之功效。

3. 13　………

3. 20　用餐

3. 21　餐廳空間應可容納 320 人使用爲目標。

3. 22　採取自助餐方式供餐，由門廳進入餐廳，分二條以上路線領取餐食，以節省時間。

3. 23　厨房出入口應能獨立，避免與門廳動線混雜。

3. 24　厨房內，作業動線應求合理化，以促進作業之時效及節省人工成本爲原則。

3. 25　殘菜處理作業應與厨房作業之動線分開，以求衞生，但需考慮各作業對空間之使用頻率，以增進空間之效用。

3. 26　販賣部可兼賣日常用品，除必須與餐廳相關連之外，亦須考慮不經由餐廳，即可對外營業之獨立動線安排。

3. 27　販賣部應有用飲空間，以容納 30 人以上爲原則。

3. 28　………

3. 30　活動

3. 31　應設乒乓球及撞球之活動空間，並作彈性使用之空間處理，以應必要時可合併爲大空間使用。

3.32 應設棋藝及橋牌專用空間，並考慮靜爲原則。

3.33 ………

3.40 服務

3.41 應設郵電及儲金之服務臺，

3.42 應設信箱架，除貴重郵件之外，探自取方式遞送。

3.43 應有存放少數現金之設備，以備員工急需之用。

3.44 應設洗衣部，並考慮機械設備處理作業。

3.45 ………

3.50 教育

3.51 應設專用教室，供裁縫及插花教學兼用之，以容納30人使用爲目標，其他教學及實習設備齊全。

3.52 應設普通教室，供作學科教學之用，以容納30人使用爲目標，其他教學設備齊全。

■設計準則

4.10 門廳

4.11 門廳應設置交談用沙發二處以上。

4.12 門廳應有足夠的交通空間，並與餐廳，販賣部、郵電服務臺，教室及康樂室相連通。

4.13 ………

4.20 用餐

4.21 餐桌以 8 人一桌爲原則，共40桌，按動線分兩邊排列。

4.22 由進口分二條路線領餐，分兩邊步向餐桌。

4.23 餐廳內，於適當地點設置花臺。

4.24 厨房進出口，不經由門廳而另設側門進出。

4.25 厨房動線按進口至驗收室、乾物儲存室、菜肉處理室、冷凍庫、處理臺、炊飯、作菜、麵食工作臺、配菜臺送至備餐室。

4.26 殘菜處理，分二邊收回，經殘菜處理臺、餐盤洗槽、清水洗槽、送至蒸汽消毒櫃，置回食器架。

4.27 販賣部設日常用品販賣櫃、冰櫃、調理工作臺及吧枱，用飲桌以四人一桌爲原則，共八桌。

4.28 ………

4.30 活動

4.31 設乒乓球桌二臺以上，撞球桌三臺以上，採活動隔間，可合併使用，並設坐椅，以供觀摩之用。

4.32 棋藝及橋牌可共用一大空間，並以隔間與玩球室分開，以求安靜。

4.33 ………

4.40 服務

4.41 郵電及儲金服務臺，應可供四位人員作業之用。

4.42 設信箱 640 個以上，編號，由內分發郵件，由外自行取出。貴重郵件置放櫃設於內部，可供員工出示證明領取之。

4.43 設簡易金庫，以便存放現款之用。

4.44 洗衣設備一套，洗衣室外設衣物整理及收發臺一處，乾濕空間應分開。

4.45 ………

4.50 教育

4.51 專用教室內設工作臺三座，每座可供六人同時使用，教學工作臺一座，黑板，試穿室及洗槽作業臺，陳列櫃等設備齊全。

4.52 普通教室採傳統方式，設桌椅、黑板等教學設備。

4.53 ………

設計者可以上面列舉之實例看出，設計過程之因果關係；每一個設計問題的提出都有它的原因或目標，由給與條件而設計條件再轉化爲設計準則，一步步逐漸具體化（圖 2.4.2）。由此，我們可以開始繪製草圖，最後再以草圖回饋至原先確立之設計準則。若是，草圖計劃與設計準則相符合者，可在項目上作起記號，若須依設計準則修正草圖者，亦可另作記號以備修改。或者，原先確立之設計準則被發覺有不適合於本案之計劃者，亦可特別給以記號，再修正設計準則。如此，相互檢討的結果，將更能建立一套適合設計目標之設計準則，以減少將來在程式計劃中的困擾。

第三章　設 計 程 式

3.1　程式計劃

這裏有個大家所熟知的故事，發生在舉世聞名的澳洲雪梨歌劇院（The Sydney Opera House）工程（圖 3.1.1）。一九五七年底，澳洲首相卡西爾（Cahill）爲了政治選舉環境的因素，堅持在一九五九年三月的大選以前必須開工興建。迫使建築師阿特松（Utzon）只好將全部歌劇院的興建工程分爲三個施工階段，先施作歌劇院的臺基工程，次作屋頂薄殼的結構工程，最後再作其他建築工程。一九五九年三月二日終於正式破土開工，第一階段的臺基工程，一面施工，一面繪製圖樣，很多問題都是在發生後再行解決，以致延誤了工程進度，增加了工程造價，直到一九六三年二月才完成臺基工程。最難令人置信的是，當臺基工程進行時，第二階段

圖 3.1.1　澳洲雪梨歌劇院之草圖。

的屋頂薄殼的結構工程是否能夠按照原設計的草圖建造在臺基上，竟然沒

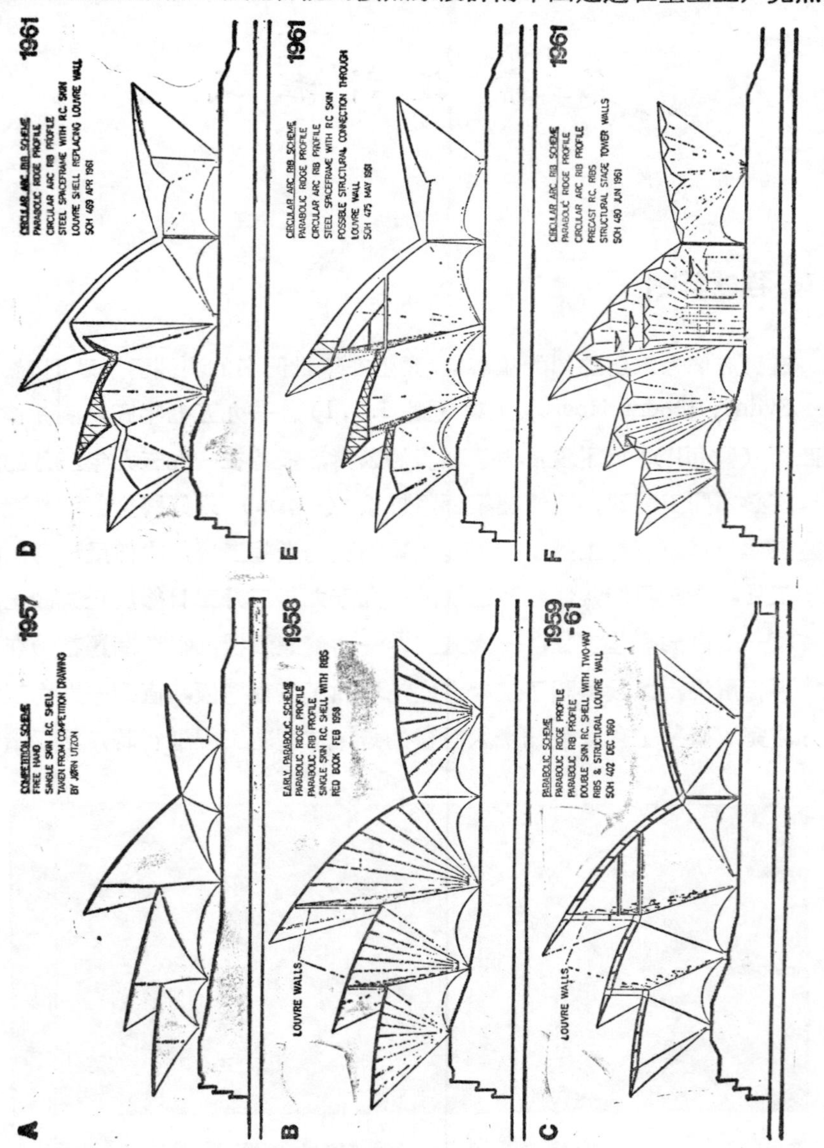

圖 3.1.2 歌劇院屋頂工程數次變更之設計圖。

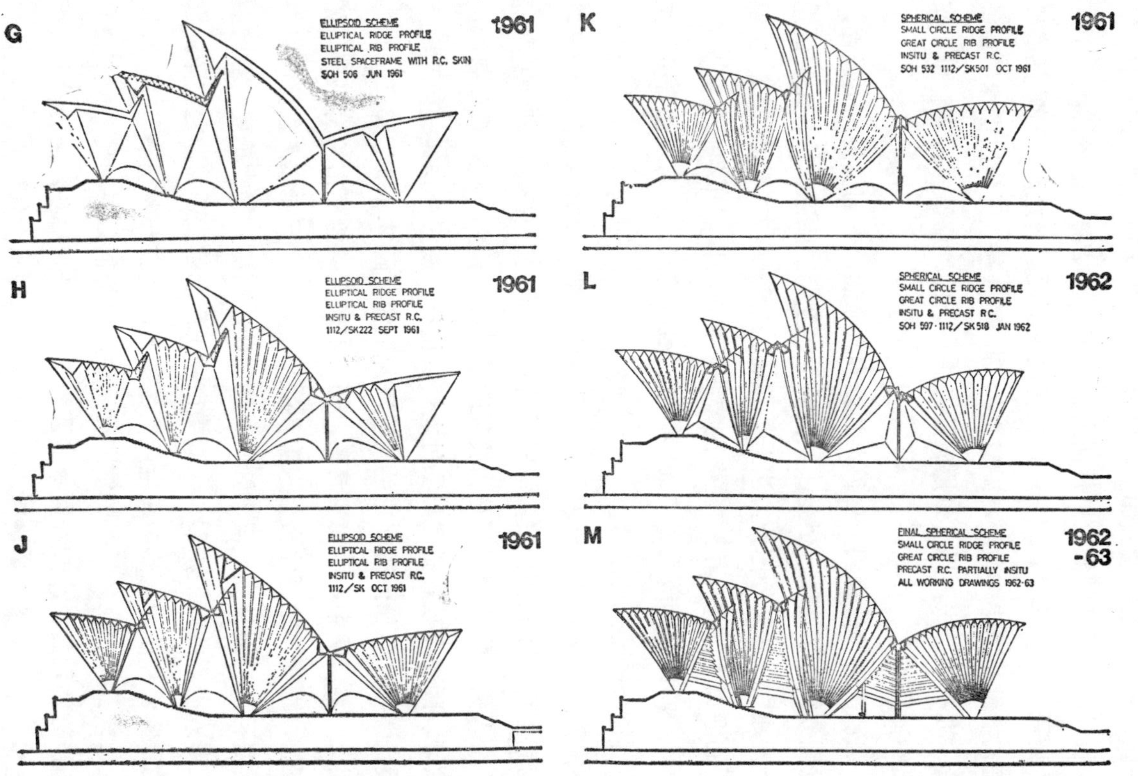
G
ELLIPSOID SCHEME
ELLIPTICAL RIDGE PROFILE
ELLIPTICAL RIB PROFILE
STEEL SPACEFRAME WITH R.C. SKIN
SOH 506 JUN 1961
1961
K
SPHERICAL SCHEME
SMALL CIRCLE RIDGE PROFILE
GREAT CIRCLE RIB PROFILE
INSITU & PRECAST R.C.
SOH 532 1112/SK501 OCT 1961
1961
H
ELLIPSOID SCHEME
ELLIPTICAL RIDGE PROFILE
ELLIPTICAL RIB PROFILE
INSITU & PRECAST R.C.
1112/SK222 SEPT 1961
1961
L
SPHERICAL SCHEME
SMALL CIRCLE RIDGE PROFILE
GREAT CIRCLE RIB PROFILE
INSITU & PRECAST R.C.
SOH 597·1112/SK518 JAN 1962
1962
J
ELLIPSOID SCHEME
ELLIPTICAL RIDGE PROFILE
ELLIPTICAL RIB PROFILE
INSITU & PRECAST R.C.
1112/SK OCT 1961
1961
M
FINAL SPHERICAL SCHEME
SMALL CIRCLE RIDGE PROFILE
GREAT CIRCLE RIB PROFILE
PRECAST R.C. PARTIALLY INSITU
ALL WORKING DRAWINGS 1962-63
1962
-63

有一個人有些許的構想。由於，原設計草圖的屋頂曲線系統沒有一定的形狀，所以，工程師們無法以幾何方程式來分析結構，終於導致屋頂工程的設計變更（圖 3.1.2）。當屋頂結構決定變更設計之時，臺基的礎盤已將近完成階段，這時才發現，礎盤上的 20 根柱基絕對無法支撐屋頂結構的重量。唯一的辦法，只有以爆破的方法將新的柱樁鑽穿過礎盤以下來支撐屋頂的荷重。

這個故事帶給我們一個很大的教訓。雖然，歌劇院的施工過程，曾經加以劃分爲三個階段，但是，其間缺乏相互關連的系統性。工程的進行自開始就建立在試誤的傳統方法上，難怪工程進度不斷的延誤，工程造價不斷的增加。如果，能有更多的時間讓建築師作好「程式計劃」(programming)，或不因政治環境的影響干擾設計時限，當可以使日後的工程營建節省很多的時間和造價。

設計品質的良莠，有賴於周全的程式計劃；沒有完善的程式計劃就不可能產生正確而又切合實際的設計行爲。在國內也有不少失敗的例子發生，這些令人失望的實例，都是由於從開始就沒有建立一個正確的目標或適當的政策，因而導致計劃案無法付之切實施行，成爲一個籠統而又虛泛的設計遊戲罷了。例如：臺北市的營邊段計劃案（圖 3.1.3 及 3.1.4），以作爲國際貿易發展中心的規劃目標，形成不切實際的都市結構系統，如果付之實施，那麼將給臺北市帶來許多的都市問題。近年來，設計競賽在國內非常盛行，也經常發生程式計劃不夠明確，而導致幾次重要的設計競圖皆未能令人滿意的後果。例如：高雄市中正紀念館暨圖書館之競圖，在不明確的預算條件下，竟然能產生競賽的結果，實在令人想不通(圖 3.1.5)。

程式計劃在設計行爲的創造行動中，是一種必要的條件。在社會結構日趨複雜的發展中，設計對象的機能需求也日漸增多，由於科學技術的急速進步及生產工業化的發展，促使設計行爲所必需具備的資料或情報也日漸增加，而設計作業的時限及成本又要求在更合乎經濟的條件下來完成目

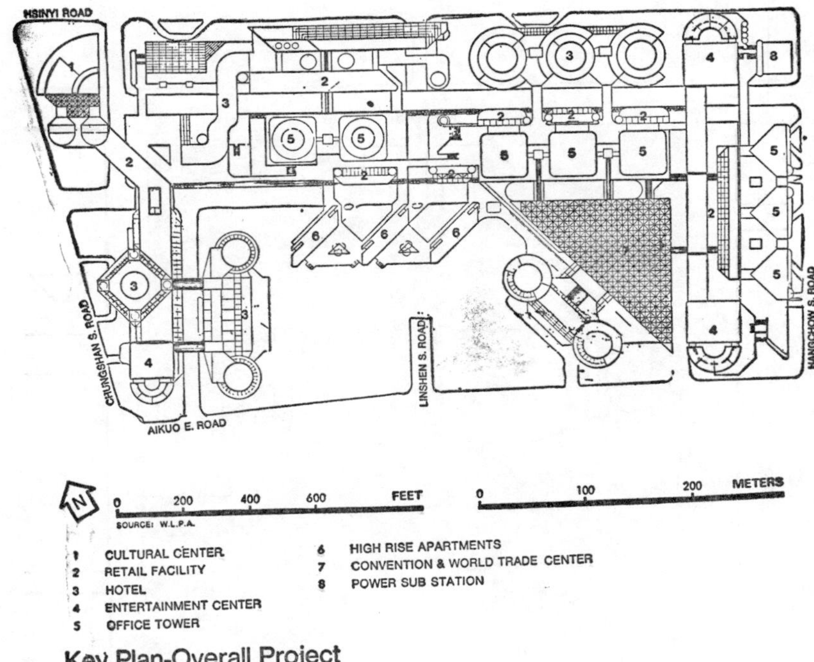

圖 3.1.3 臺北市營邊段計劃案配置圖。

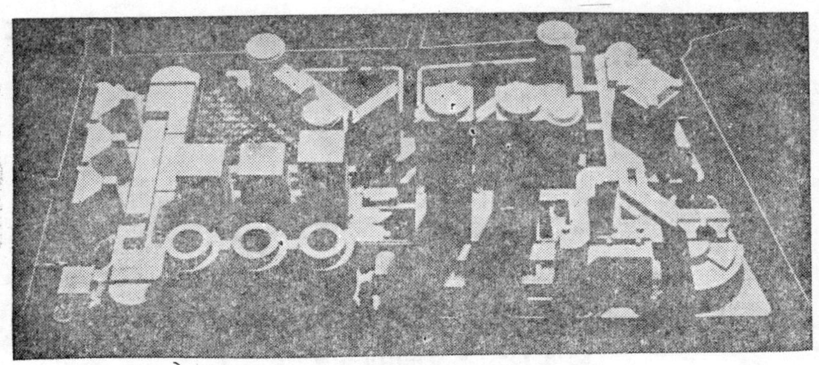

圖 3.1.4 臺北市營邊段計劃案模型。

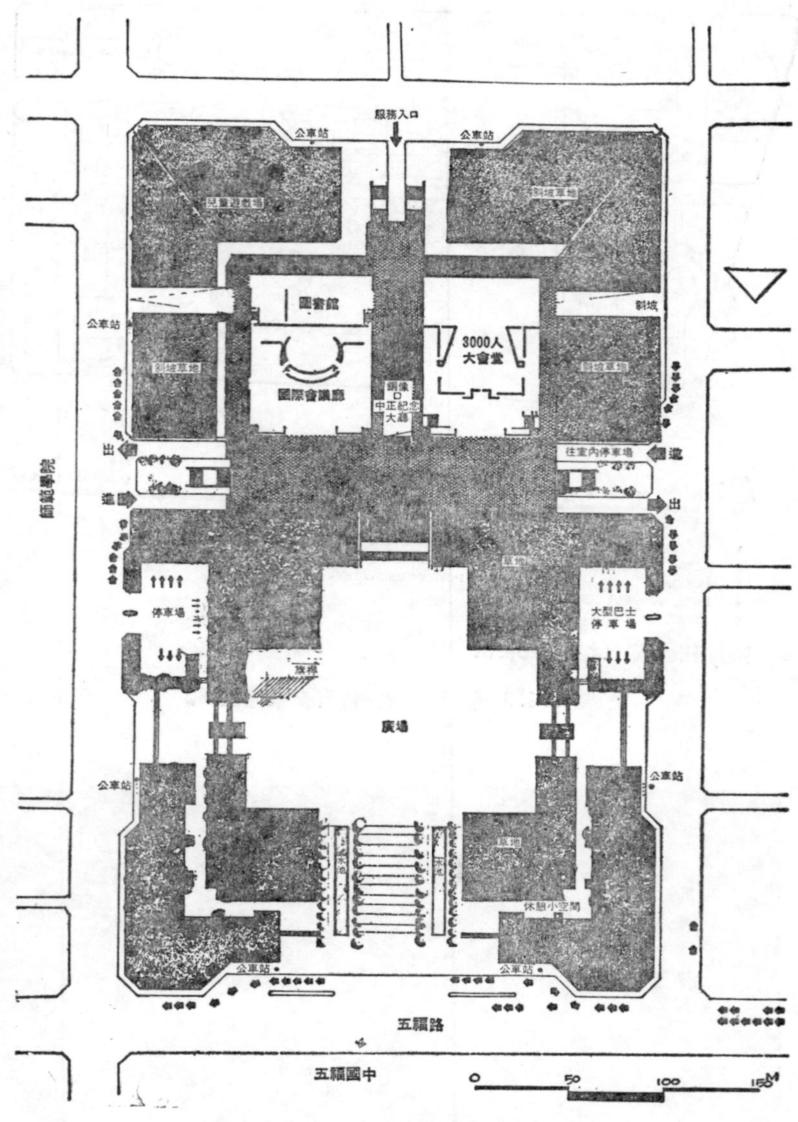

圖 3.1.5 高雄市中正紀念館配置圖。

標。所以，程式計劃在愈趨發展的勢態下愈加顯現其重要性。目前，在國外的大學裏，已經有「建築程式計劃師」(program architect) 的訓練課程。可以見得，程式計劃在建築設計的範疇裏，已經是不能不被重視的課題。

所謂「程式計劃」，嚴格的說，並不只是分辨或解決設計問題的步驟或途徑而已，它還必須要有更多的設計經驗的累積和系統分類的訓練，才能納入實務。很顯然的，作程式計劃的人員都必須具備有一種較高的分析心智，才能作好程式計劃。在設定程式計劃的過程中，對於委託人的設計需求或要求，應如何來分辨或解決，並沒有任何一套最好的卽成公式可讓設計者來套用。但是，設計者可以靠合乎邏輯的方法去分析或判斷，採取一種正確的方向或自行創造的途徑，交互應用來安排「設計程式」(program)。

設計過程中，首先應由給與條件着手，加以分析、調查，才能設定設計條件，確立設計準則，再經過綜合評估，從技術上檢討其可行性，然後才能進入實際生產作業，繪製傳達圖說，從事施工作業等等，其過程十分繁雜。如何將這些繁雜的作業程序加以劃分屬性，並尋找其間之關連性，使設計行爲有條正確的途徑可行，是程式計劃所要探討的課題。

爲了提高設計作業的效率，首先必須使設計行爲在相互檢討、核對的情況下確定其形式，以期達成設計目標；設定各個設計階段的作業項目，並建立各個項目之間的關係，才能形成一套具體的「設計程序」(design process)。所以，設計程序可以視爲一種連續的「決定順序」(decision sequence) 的程式，而決定順序的項目與內容，乃是程式計劃上的重要部份。其項目必須依據各個設計階段的程序而予以細分，其內容則由必要的圖說資料加以充實。

爲了確保設計程序中的每一階段的作業結果，都能合乎設計目標，設計者必須將其作業結果，不斷的加以核對和評估。這種反覆的回饋工作，使下一階段的作業行爲得以明確的進行。在建築設計上，設計者經常將設計成果回饋到設計準則，或將之再回饋到調查的結果，以評估設計成果的正確性。最後還從現場的施工結果回饋到設計機能，以了解設計成果的切實性。諸如此類的回饋環路，爲獲得更爲具體的答案，通常都設置在比較具有獨立性的段落上，以免與其他作業之間產生太多的混雜，而失卻回饋作業的功效。但是，這種回饋作業的方式，也可以被應用在整個建築生產程序的任何一小段中，以核對或評估每一小段的作業結果，是否在正確的途徑上順利進行。

一個龐雜的設計行爲，必須由一個有效率的設計小組來完成，而這個設計小組的效率，則建立在各個設計人員的能力基礎上。爲了使設計小組在此創造性的行動之中， 發揮其最大的能力， 必須設定一套合理的程式計劃。除了將設計過程中的作業能量或設計資料作最合理與適當的分配之外，還必須使此一設計小組能夠藉助於一個有意義的程式計劃，而得以開發其潛在的能力。

所以，在這一個設計行爲的集體行動之中，設計小組的每一個成員，務必共同把持着一個作好設計的「動機」。並以設計目標爲總效果，每一個成員對自身所擔負的任務都必須作最深切的認識，開展各自最大的創造能力，並作廣泛之活動，以交互的關係達成集體作業的效率，才能建立一個集體創造活動的系統體制。因此，在大目標的程式計劃之下，設計小組的每一個成員，依其各自所必須達成的次目標，也都應該各自建立其自身的設計程式，才能構成一個完備的程式計劃。同時，爲了使各個設計人員能通力合作，以期發揮小組作業的功能，在設計小組中，必須有一個強有力的負責人（或稱爲協調人），以發揮軸心的機能。這個負責人，必須設定整個設計的流程系統（flow system），並從中管理及協調，以利設計行動之進行。

美國，勞倫斯・哈普林景園建築師事務所（Lawrance Halprin & Associates）是個組織不大，卻是世界聞名的景觀建築師事務所。事務所裏包含着許多不同特性的人才，有建築師、都市計劃學家、藝術家、生態學家、心理學家，還有作家和舞蹈家。事務所的整個制度是建立在每個成員的設計能力上，並且做爲擢升的標準。所以，每個人的能力在計劃案上都得以儘量發揮，並在制度的配合下，成爲整體的一部份，藉着每個人的最佳設計構想來維護事務所的聲譽和前途。

它的作業方式是建立於計劃經理（project manager）與設計者之間的協調上。事務所的每一個計劃案，都派定一個計劃經理，他必須負責一切管理及設計上的技術問題，並且綜管經費及應用，還得了解業主的需求，並確定工作進度。在計劃經理之下，有一個設計小組負責該計劃案的設計作業，使每個人都能發揮各自的長處。而哈普林本人則兼管設計及計劃的總監工作，對設計過程上所發生的問題，予以適當的意見和評斷。在這種工作組織之下，不但發揮了每個人更多的潛力，更提高了設計的效率，以及人際關係的交流。

他的事務所在不斷的嘗試和改進下，建立了許多完美的準則，其中最重要的是一連串的觀念上及組織上的探討，以求得設計品質的確實控制，永遠保持更高水準的設計作品。由於哈普林始終堅持將許多有才氣的人員聚在一起，以維持設計水準，所以，在管理及控制上也就必須付出更高的代價，這是精良的小組作業所不可避免的現象。

事實上，由於設計規模及方式的愈趨龐雜化，以及現代工業生產方法的專業化，導致設計小組的組成上，也必需具備有更新的觀念。設計小組中，不但是設計人才的聚合，甚至有時也須摻入生產人員的組合。因爲生產技術的急速進展，已經不是設計者單方面所能支配得了。經常，由於工業生產技術的發展，造成設計原型的改變，致使非有生產技術的專業顧問加入設計小組，才能解決更多詳細設計的問題。例如：帷幕墻（curtain wall）構造法，其細部設計的諸種問題，非有專業人員的摻入，就不易獲得答案。由此發展，甚至營建人員及設計小組，都有可能組合在一起，同爲某一設計目標來共同作業。所以，小組人員的擴大範疇，將使程式計劃的可行性更容易被掌握，使設計問題的解決方案更迅速被確立。

其中，最令設計者注意的是：因此而引發的情報或資料的傳達方法。由於設計小組中，各種不同專業人才的加入，各種情報和資料的範疇也因之而大量增加。如何在這麼多種人員中，確實掌握各個情報或資料，使這些情報和資料都能夠相互溝通，而不致產生偏差或遺漏，並提高小組的作業效率，是一項非常重要的工作。否則，小組的組成將變爲虛構而不得成形，更無法產生整體性的創造能力。

在實務上，使設計小組的各個成員之間，增加其溝通的機會是非常必要的條件。所以，每個設計階段中，必須舉行數次的「設計會議」，以檢討相互間的作業情報，提出問題，解決問題。因此，開會之先，對於開會的準備工作十分重要，凡是開會時間，方法及各情報的內容和傳達方式的明確化，都必須愼加考慮，務使互有關連的作業之間達成完全了解的地步。爲避免情報或資料傳達之遺漏，使用核對表是一種頂好的辦法。

下面是英國皇家建築學會 RIBA 所提供的建築師業務手册（architect's job book）裏，於設計草圖（scheme design）階段中，設計小組會議的議程核對表。

本核對表提供草圖設計階段時，開會討論所需之主要事項，並指示設計者在開會過程中所必需注意的主要重點。

依照各個不同的業務性質，實際的會議事項必須加以修改或作適當的擴大。

本核對表也可以適用於本草圖設計階段的各個獨立小組的其他附屬會議上。

建築師必須將之作成備忘錄，並標明每一項目的負責人。

■開會人員

1.01 如有必要，必須附註簡介。

1.02　記錄缺席的原因。

1.03　記錄參與本計劃案之各個小組的組織名稱及負責與設計小組連絡的人員姓名。

■記錄檢討

2.01　注意先前各階段的記錄，有無必須列入本階段議程的事項。

2.02　檢討業主給與建築師的任何指示及初步的建議事項或預算造價的限制。

2.03　確定任何有關需求、時限或造價的修改，是否獲得業主的認可。

2.04　確定業主是否正式認許本設計小組所增加的成員。

2.05　確定本計劃案的作業是否獲得繼續實施的認可。

■資料及數據

3.01　確定各個成員所必需的資料的可用性。

3.02　注意先前會議所決議的事項是否已辦理妥當。

3.03　注意業主所給與的任何一個指示對計劃案的影響。

3.04　提出各個小組所收集的數據，這些設計發展的數據是否被業主所認可，或是需要再建議。

3.05　必須通知業主有關本階段會議結論所造成的時間延長或費用增加等事項，並辦理業主認許的簽證手續。

■草圖設計

4.01　儘可能提供計劃綱要之外的資料和數據。

4.02　確認設計及圖說方式的適當性，認定圖說的尺寸、比例和標示方法等。

4.03　確定小組的協調方法。

4.04　確定成本控制的方法。

4.05　爲了確立草圖設計的成功度，設定一個切題的許可辦法。

4.06　有關專利的資料，必須在契約上完成同意出讓的手續。

4.07　確認最初提出的程式計劃及最後的提案和成本。

4.08　確定次承包人的認可手續及設計能量，並給與正式授權文件。

4.09　通知業主有關本設計小組所決議之正式草圖設計方案。

4.10 通知顧問公司，有共同責任確保設計會議所決議之有關事項。

行動需求

5.01 同意核對表之行動、時間及優先次序。

5.02 同意責任的劃分。

5.03 同意程式內容、協調方法及進行方式。

5.04 同意現場人員的需求。

5.05 其他事項。

5.06 安排下次設計小組會議及其他臨時動議。

由於，每一階段的設計會議都持有非常明細的會議記錄，並且對上次會議所決議之事項加以提出檢討，已形成一種「追查」(follow-up) 的系統。所以，在設計過程中的每一階段，或因其他因素的變化，對於程式計劃必須加以修改或變更者，都可以在每次會議中提出討論而獲得解決。對於未能完成之決議事項，必須尋找其發生之原因，並通報各個小組，形成一種「警報系統」，以免影響程式計劃之進度和控制，並提高設計小組之應變能力。

如是，程式計劃的意義，在於開發潛在的能力和情報的系統，其對象是設計行為的一種具體性的計劃，其行為的主體乃以人類的需求為目標。

程式計劃，應以一種邏輯的分析過程，作為解決設計問題的理性途徑，以求在預定的時間內，以最低的費用發揮最大的工作效用，順利達成最後目標。

目前，我們的建築教育所潛伏的最大危機，就是只有呆板、誇大、耀目的設計程式，而沒有確實可行的程式計劃。事實上，學生們只能勉強羅列出一張設計問題的圖表，其所能帶給實際建築上的解決途徑實在微乎其微。雖然，從不同的實例中，由給與條件的分析轉化為設計條件的過程，可以被輕易的學習，甚至可以確立某一設計問題的設計準則。但是，這只是一種設計問題的發現而已，並不能表示這種作業就已經尋得解決設計問題的途徑或方法。當機能需求愈趨龐雜時，解決設計問題的方法就不能僅靠神來之筆所能完成，它必須有建築分析的步驟與計劃。在程式計劃的過程中，絕不可能有奇蹟式的公式給我們套用，只有靠眞才實學的分析與判斷，才能創造解決問題的途徑。因此，從事建築的分析者，必須具備有更多的方法學的能力；研習如何分析問題之外，還得有辦法解決問題才行。

3.2　計劃條件

基本上，設計條件的分析是達成完美的建築設計的序幕。但是，只靠一份經過分析所判定的設計準則，並不能算已經找到問題的所在。事實上，一份相當嚴緊的核對表，雖然已經十分淸楚的列項描述出委託者的要求與需求，但是，仍然無法主動去發現解決問題的途徑。

我們只知道，今晚在國父紀念館有一場音樂會，有弦樂，也有管樂。甚至，演奏的曲名和順序都已經排定，有幾首曲子都已經知道。但是，這樣一張節目單並不能構成完備的條件，也不能淸楚的說明整個音樂會的過程。我們所要求的更多：要知道從幾時幾分開始，要知道每一節目演奏所需的時間，中間有幾分鐘的休息，好讓演奏者和聽衆有休息的時間，整個音樂會到幾時幾分全部結束。還要知道每個節目是由誰來擔任演奏，協奏曲的主奏者是誰，交響曲的大樂團是那裏來的，最重要的是，誰是指揮者。諸如此類的詳情，使音樂會在一種明確性的程序下順利進行。

因此，程式計劃不但是在尋求問題的所在，也是安排解決問題的途徑。完美的設計，都必須有正確的分析和創造性的解決途徑，兩者必須交互作用。只有設計條件的分析作業，並不能單獨運作；必須有創造性的解決途徑，才能發生效用。所以，從給與條件的分析調查開始，除了委託者所供給的項目之外，其中的大部份必須由設計者自已依據設計目標來設定。一個有效的程式計劃，必須先重視其設定的方法，由此而導出必要的作業程序，這也是程式計劃的第一個要作的步驟。

當我們的口袋裏， 有着不同票面的鈔票時， 統計其總金額的最好辦法，通常是先將鈔票依不同的票面整理成一疊一疊，然後計算每種票面的金額，再總計成總金額。

對於設計程序的繁複作業，必先正確的掌握住設計對象，然後加以分析，綜理和評估，作充分的檢討之後，才能加以分類，整理成一獨立的類別(group)或編組 (set)。事實上，段數高超的設計者都必須具備有分析、綜理和創造的能力。當許多互有相關的要素（elements） 被集合起來，完成一獨立的類別或編組，並使它們之間相互發生作用時，系統的分析方法是唯一可行的辦法。

通常，設計者必須按設計程序作不同屬性的歸類，再將之逐項擴大，尋找各類別之間的相互關係，使設計程序中的各作業間發生關連，依此作成流程圖，並作多次的檢討，而導出程式中所需要的項目 (event)。 依照項目上所需的作業量和先後順序及時限，作爲人員調配的根據，才能完成作業間的網組系統 (network system)。並按照設計小組的不同職務性質和不同的設計對象，尋找或選擇其回饋系統而完成程式計劃。這種方法所建立的設計程式，在設計過程中隨時可以用來核對各步驟的進行情況，是一種非常有效的手段。對於委託人與設計者而言，以流程圖或網組系統作業都可以用來幫助瞭解設計問題的變化與進度（圖 3.2.1）。到目前爲止，這種方法被認爲是「設計方法學」中，對實際設計工作的安排方面，最具實用價值的一種方法。

從設計程式所設定的項目中，我們必須先明瞭其作業的順序及行動方向，然後計算其「行事時間」(event time)，設定設計作業的工作量， 並確定整個設計行爲的時限及參與工作的人員數目（圖3.2.2）。一般而言，工作量既然以「人時」來表示其單位，應該是設計的時限愈長，則參與工作的人員即可相對的減少，反之，時限愈短，應該增加工作人員。但是，

在某種情況之下卻不一定如此，經常是因爲某種理由而產生不同的變化，必須仔細盤算或藉助於電腦，才能正確的分析出何時必需應用多少工作人員，那一階段又必需增加工作時間。所以，在確立程式計劃之先，時限與人員，便成一種決定成敗的重要條件，不可不妥爲考慮。

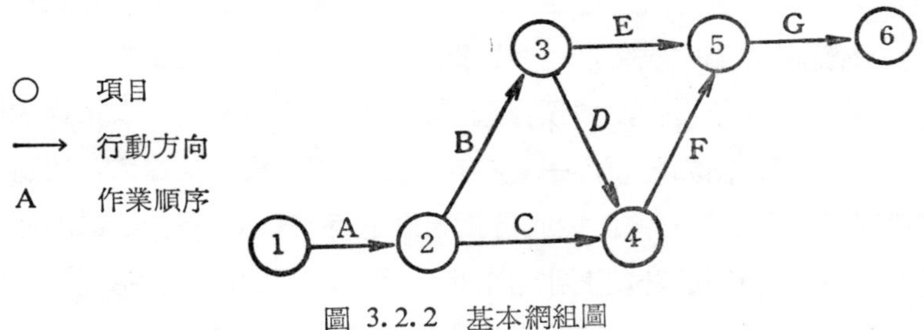

圖 3.2.2　基本網組圖

時常，委託人在給與設計者一些不明確的條件之後，即要求或代替設計者確定一個作業時限。經常，這個時限短得令人啼笑皆非，而能夠在這段顯然不夠充分的時限裏，尋找問題，解決問題，並完成一個實際可行的設計方案的設計者，必屬超人無疑。最難令人置信的，有多少次的設計競圖，就曾經造就了何其多數的超人設計者。尤其是含有投資性的「計劃案」(project)，設計及生產過程的時限變成了決定投資成敗的重要因素時，整個程式計劃的時限將受到非常嚴重的約束。設計者必須考慮應用「極限途徑」(limit path) 來縮短作業時間，完成設計目標，否則，程式計劃的效用將因此而減半或等於無用。

設計過程的初步設計階段裏，由於委託人所給與的條件不很明確，設計者就很難確定一個時限來完成「設計原型」。所以，在大部份的情況下，設計者只能限定在一個概略的時間內完成。而程式計劃的開始時刻，通常也從決定設計原型時起算，來訂定設計施工圖說的作業時間及開工興建的工作天，以至建築物開始使用爲止，作爲整個程式計劃的時限。

在特殊的情況下，設計者能夠有效的掌握其設計作業的狀況時，設計者也可能明確的將設計程式作仔細的安排，從給與條件的分析調查或設定設計條件之時，就開始計算整個程式計劃的時限。事實上，對於這方面的努力，關乎設計業務的爭取頗有影響，因爲委託人大都是非常的急性子的。

這裏，所值得設計者擔心的是：當一個龐雜的設計，必須花費相當長時間的設計過程才能完成時，程式計劃的後期階段，經常由於時間太長而產生某種不可預料的變化，如預算造價、勞工市場或甚至受政策性的改變等等因素的影響。諸如此類，一種不可預定的因素突然的摻入，所造成的設計環境的變遷，經常迫使程式計劃延誤進行時效，或無法繼續施行控制，這些變化都會造成計劃上非常不良的後果。因此，對付這種長時間的設計過程，唯一的辦法是：將已經完成部份的成果再當成新的條件，隨時再回饋到整個程式計劃中，並隨時調整設計程式中的作業時間，以配合新的狀況，控制作業時限，以免因爲程式中某一項作業的改變而影響其他項目的變動或凝滯。

事實上，時限的控制和參與工作的人員數目是不可分開的相關因素。時限的長短，經常決定於工作人員的調配上，同時，調配人員的技巧也受時限的影響。因此，時限的控制，通常可以利用人員調配的技巧來補救。但是，這裏所必須強調的是：並非調配更多的工作人員，就一定可以縮短或控制程式計劃的時限；要達成程式計劃之時限，必須將工作人員的負荷作適當之調配規劃。

一般而言，我們通常將人員的負荷劃分爲「質」與「量」等二種需求。「質」的意義在於勞心的程度而言，「量」的意義在於勞力的程度而言。而事實上，在一組程式計劃的過程上，必需同時動用大量高水準的「質」的人員與相當大數目的「量」的人員的機會並不多，也不太可能這麼如意就能夠動用這麼多的人員。

通常，在設計程序的初步階段裏，所需要的人員以「質」爲首要條件，而且動用人員的數目也不多。但是，一旦進入生產階段，開始繪製設計圖說時，其工作人時數逐步增加，以致必需調用更多的工作人員參與本階段的作業，這時候對於工作人員的「質」與「量」必須兩者並重，才能達成程式計劃之時限控制。至於，工程施工階段，其工作人時數更是急速增加，而且，較重視「量」的需求。由此看來，在整個程式計劃的過程上，對於工作人員的「質」的需求，是由高而逐漸降低；對於工作人員的「量」的需求，是由少而逐漸增多，形成一種反比的現象。因此人員的調配規劃，對於達成程式計劃之目標，成爲一項極爲重要的條件。

在目前人力資源缺乏的社會裏，要想動用足夠的工作人員，並且具有相當能力的人員，實在不是一件容易的事。因此，在程式計劃的人員調配規劃上，一般都利用現有的編制範圍內作有效的控制，除非萬不得已，才會利用編制外的補充人員來支援作業，或聯合數個作業小組共同參與作業，以達成程式計劃之時限控制。如果，不能動用足夠的人員，致使各個工作人員超過其負擔能力之極限，或是，能動用足夠的人員，而工作性質並非該人員所能勝任，那麼，都將使程式計劃之時限控制不易達成，甚或影響設計的品質，成爲不合理之程式計劃。所以，在設計程式計劃之先，不能不對工作人員的「質」與「量」作愼重的估算，以期切合實際，減少程式計劃過程上的困擾。

爲補救工作人員的不足，在程式計劃的實務上，經常利用機械的效率來平衡需求，這些機械包括幫助綜合分析資料的電腦作業，甚至用來獲得設計原型，以分擔「質」的負荷。同樣，也利用重機械作業來分擔「量」的負荷。因此，機械的效益在整個程式計劃中也是一種不可忽視的要素；適當的器材調度規劃，對程式計劃之施行將有不少的助益。

話雖是這麼說，事實上，上面所提到的各種計劃條件，都將受到一種最主要條件的影響，那就是「錢」的問題。有錢，都好談；沒錢，萬事難。爲完成程式計劃的目標，不能不掌握整個設計的成本。

在設計過程中，設計成本可分爲二方面來檢討。一則是設計初期，從分析調查、繪製圖樣，以至發包興工爲止，所必需花費的「設計費」。另一方面是施工階段，實際花費於工程造價的「工程費」。兩者有着不同的性質，應該分別於程式計劃的制定中，各別檢討，以確實掌握成本。在過去許多傳統的設計實例中，經常是花費了大筆的設計費，其結果，還是未能確實的控制其工程費。尤其是大師們設計的作品，更是經常有這類的事情發生。例如建築大師戈必意的許多設計，就經常在不斷的追加工程費之下，完成他的作品。一般而言，偏重感性設計而忽略理性行爲的作品，大都會有這種現象。在我們理性的建築設計裏，當然不允許有這類現象發生；爲了確保建築的創造性，不能不事先掌握設計成本來制定程式計劃，使整個設計程式能順利的在預定的設計成本的範圍內進行。

目前建築的設計水準之所以日漸低落，其最大的原因，乃是由於設計費被可怕的壓低所致。在這低姿勢的環境下，設計者很難花費太多的時間和人員，去作充分的分析調查及繪製更爲詳細的圖說，因而導致對設計問題的瞭解不夠透徹，所繪製的圖說更是了了幾張，未能清楚的解答問題；根本就在一種沒有（或不可能有）程式計劃之下作一種試誤的設計。其可怕的後果，不但降低設計品質，而且將使施工階段產生許多的困擾，甚而變更設計或追加工程費。

設計費是設計者言談之間最欲迴避的話題，這種大衆皆知的職業性向，常被歷史的幻象所掩蓋；想像自己是個偉大的大衆僕人，爲美化大世界爲己任。但是，如果設計者希望在一種經濟獨立的環境下執行他的業務的話，他就必須有效地排除這些繁重而討厭的「財務偏見」，才能保持其偉大的抱負，完成其優秀的作品。所以，設計者必須充分了解各個設計業務進行中的總成本。很明顯的，必須再加上某些必要的利潤，所得到的答案，才可訂定設計費的高低。

事實上，在一個計劃案的設計過程中，最有效的成本控制，在於正常的直接薪資支出上。其他如作業上的需要或特別案件的支付及無法計入的開銷，都可以用直接薪資的百分比，按執行業務的累積經驗予以計定。由於，直接薪資是目前可控制成本的主要部份，所以在設計費的訂定上，常以整個設計作業的人時數量和薪資的乘積來確定。在設計作業中，人時的數量愈多或薪資待遇愈高，都將造成較高的設計費。反過來說，在一定的設計費的約束下，爲控制其設計成本，最有效的辦法就是以準確的程式計劃的方法，來掌握設計時限及人員的質與量的調配規劃。

以設計工程費而言，能否按照準確的程式計劃的方法，達到適當的系統化管理，以期縮短工期及調配人員，也成爲掌握工程費的主要因素。目前，世界各國所盛行的管理方法以網組方式（network method）的技術爲最常用，大致可分爲計劃評核術 PERT（Program Evaluation & Review Technique）、關鍵途徑法 CPM（Critical Path Method）以及複合計劃案（Multi-project）等三種。其中，以PERT的思考方法爲基礎的網組方式，將使各種設計作業的配置計劃或制度上的成本計算控制成爲方便可行的實務計劃。

機械器材的應用，雖是補救時限和人員的不足。但是，在成本條件裏，設計者在編製程式計劃時，必須愼重考慮其區域性的合理化成本；常因區域工業化水準的不同，造成機械器材使用成本與人員開銷成本的差異。有些簡單的計劃案，多量的人員開銷成本反比機械器材的使用成本來得經濟。但是，在龐雜的計劃案裏，應用機械器材的使用成本，將使程式計劃之時限得以縮短，並使設計工程費的成本爲之節省不少。所以，在編製程式計劃時，對於機械器材的應用，必須以成本的條件加以分析，才能確實決擇其使用之可能性。

設計成本是程式計劃的一個最重要的條件；不能掌握設計成本的程式計劃等於空談。有不少的設計競賽，對於設計成本的掌握常被設計者所忽略，明知其不可能而爲之，一旦入選，則將意味着設計者將捲入一場預算的苦鬪之中，其結果將使計劃案陷入面目全非的景象。身爲設計者不可不對程式計劃中，整個過程所必需的設計成本加以愼重的審計，以求程式計劃之合理化。

設計規模與程式計劃有着密切的關係，設計者絕不可小題而大做或殺鷄而用牛刀。對於人員或機械器材的調配規劃，必須止於一種適當的程度，對於設計時限或成本的掌握，必須限於一個合理的控制。否則，將失去程式計劃的意義。

統計許多設計的實例，其結果，發現設計規模愈小，其平均單位面積所需要動用的人員數目愈大，所需要的工作時數也愈多。對於設計成本而言，也是成爲反比的現象。因此，對於設計規模較小的計劃案，必須開發一種新形式的設計程式，以求取最合理化的程式計劃，以減輕設計者與委託人的負擔，才能完美的達成設計的目標。

有些特殊目標的計劃案，對於某項計劃條件加以特別苛刻的要求；對其他計劃條件則採取「不太計較」或「不計血本」的態度。例如：軍事工程或與政策有關的工程，經常嚴格要求在一定時限內完成，而對於人員、機械器材的調配及使用，將不以設計成本爲考慮因素。又如投資性的計劃案，經常以設計成本爲第一計劃條件，處處以經濟爲原則，甚至於嚴重的影響到設計的品質。像這類有特殊目標的計劃案，在設計程式計劃上，應加以妥當的考慮，必須發展一種更能適應如此「設計環境」的方法，才能獲得切合實際的程式計劃。

設計環境對於程式計劃的影響，有時會造成幾乎不可收拾的局面。以聞名的澳洲雪梨歌劇院爲例，如果當初卡西爾（Cahill）首相不因政治前途的因素干擾設計時限，而接受建築師阿特松（Utzon）的建議，不作忽促的興工的話，或者建築師能夠設計一套適合這種設計環境的程式計劃的話，就不會造成日後演變而成的悲劇收場。建築師阿特松也不致於和新任的首相大衞豪斯（Davis Hughes）鬧得不可收拾而提出辭職，工程造價也不致於不斷的增加，以及完工日期的一再延誤。這些遺憾事件的發生，可以明確的看出，設計環境與程式計劃對於一個計劃案的影響是如何的嚴重。

要提高設計水準，惟有將各種影響程式計劃的計劃條件，都加以愼重的考慮、分析，才能達成高水準的目標。身爲設計者，在着手設計之前，不可不作更多的準備。

3.3　設計策略

兵家都有各種不同的戰略，用以爭取勝戰。設計者，爲了達成設計目標，也必須應用各種不同的「設計策略」(design strategies)。設計策略是每一項設計行爲中，爲了解決設計問題，每一個設計者所自行採取的一種作業方法。所以，設計策略就等於是設計程序裏的一種行動指標，按照這個指標的原則，設計者用來計劃設計程式，在一種合理的狀況之下進行設計作業，完成程式計劃。

從臺北火車站到總統府，可以有很多條路走，雖然目的地一樣，但是你可以走重慶南路或公園路。又由於不同的交通工具及不同的路況，到達的時間也就有不同。

設計行爲中，設計者所採取的設計策略也都各不盡同。設計者可以採取一種策略來進行設計作業，也可以採取多種策略的組合來完成程式，更可以自行發展一種前所未有，而又有效的獨特策略來完成設計問題的解答。所以，設計策略的運用，可由設計者的不同選擇，形成各種不同的行動方向，由設計者選擇的適當與不適當，解決設計問題的成功度也將隨之而有所增減。所以，一個成功的設計者，必須具備善於運用設計策略的「功夫」。

有一種摺紙的遊戲是我們小時候常玩的勞作，由一張方形的色紙，按着老師教我們的步驟，東摺一下，西翻一下，不多久就摺成了一隻鳥或是可以滑翔的紙飛機。這是一種直線形 (linear) 的過程，當這種作業的過程被用來解決一個設計的問題時，我們稱它爲「線狀的策略」(linear strategy) (圖 3.3.1) ，這種策略的進行， 由一步一步的設計作業過程，漸進而遲緩地達到目標。這是一種比較單純而理想的計劃形式；每一個行動都必須緊跟着前一行動的完成，才得繼續下一個行動。因此，前一個行動成果的輸出（output），也就成爲後一個行動作業的輸入（input），每一個行動都形成一種獨立的段落，繼續不斷的演化下去，直到獲得問題的答案，達成設計目標爲止。

有時，在一個行動成果的輸出之後，再輸入後一個行動之前，設計者必須將這份成果再重複運作於某一個先前所作過的行動作業的步驟，形成一種循環的 (cyclic) 作業現象，這也就是以前我們說過的回饋 (feedback) 作業。這樣作的目的是爲了確認每一個行動的可靠性，所以必須不斷的加以核對和評估，使下一個行動得以確實有信心的繼續進行下去。通常，這種回饋環路(feedback loop)都被設置在比較具有獨立性的段落上，而且，在整個設計作業中，總有兩個或更多的回饋環路，用來核對或評估每個段落的正確性，以免迷失設計行動的方向和途徑。這種作業的方法，我們稱它爲「循環的策略」(cyclic strategy) (圖 3.3.2) 。

這種回饋環路的模式，也正是許多電腦所應用的程式設計。在電腦的作業裏，由於良好的程式設計及快速的演繹過程，它可以克服重複循環的作業過程， 節省演繹過程的時間和人力。 由於， 電腦具有無限的運作精力，所以，在最佳的答案未被確定之前，或問題的模式未被改變之前，電腦可以根據設計者所給與的程式，繼續不斷的運作。因此，設計者通常都規定電腦的演繹時間或廻數，以獲得較佳的答案。由此看來，循環的策略只能被應用於數種策略組合中的一種而已，否則，設計者將無法從這種繼續不斷的循環中，獲得最佳的答案，設計者也將陷入設計作業的漩渦之中而不得脫身。

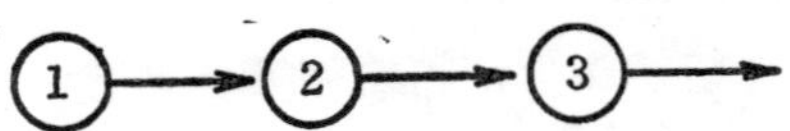

第①行動成果的輸出，即成爲第②行動作業的輸入。

圖 3.3.1　線狀的策略

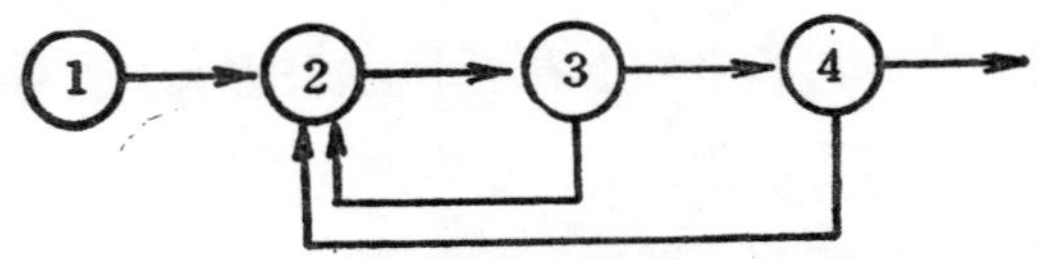

當第③行動成果輸出之後，輸入第④行動之前，必須重複第②個先前的行動步驟。

圖 3.3.2　循環的策略

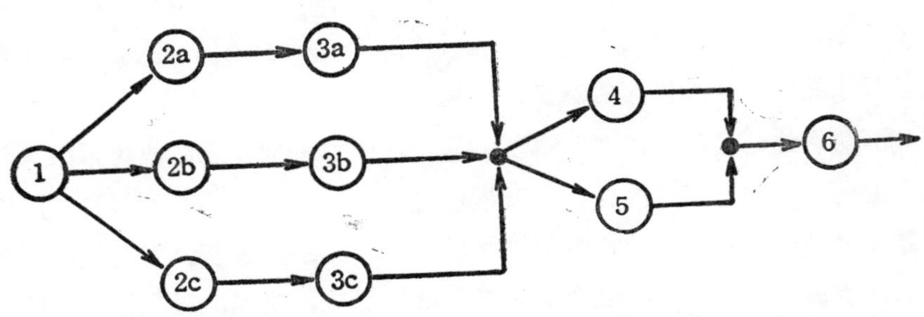

利用設計會議，選擇一種或一種以上之較佳途徑，繼續平行作業，直到歸納入最佳途徑爲止。

圖 3.3.3　枝狀的策略

如果，設計者能將設計作業發展成爲幾個各自獨立的次系統，以平行的步驟來進行設計，從這幾個次系統之中，選擇一些較佳的進行途徑，作爲設計行動的方向，那麼，對於策略的調整將更具有選擇性。這種平行並列的設計行動，我們稱它爲「枝狀的策略」(branching strategy)（圖3.3.

3）。因爲，這種策略的行動模式具有分枝並行的現象，所以，由設計小組來共同作業最爲方便。各次系統之間，每次行動的結果，都可以藉助於設計會議的討論，對設計策略作適當的調整，再進行下一個策略行動的步驟，直到最佳的途徑被歸納產生，再繼續下一個設計行動。因爲，這種設計策略具有分工及合作的效能；它不但能夠發揮設計小組中，每個成員的長處，並且可以藉由集體的討論，達到集體創造的理想，所以經常被設計者所樂於採用。但是，這種設計策略也有它的缺點：由於分枝後的行動成果，有時在設計會議的討論中，也有不幸被否決的機會，所以，似乎有點浪費某方面的精力。如果，我們能把它看作「失敗爲成功之母」，或「犧牲小我，完成大我」的精神，那麼，某方面精力的浪費，所造成的另一方面決擇的成功，也就不能視爲徒勞無功了。

設計策略的運用，將依據設計問題所牽涉的範疇而定。在傳統的設計方法中，所面臨的設計問題較爲單純的時候，設計者可採取「漸進的策略」(incremental strategy）來進行設計。這是一種較爲保守的方法，也是許多尋求最佳化解答程序的基礎。這種方法可以從即存的解答裏，再行分析和評估它的結果，探求某些細部的修正，依據細部修正的決擇再來調整即存的解答，如是漸進演化，直到最佳境地，而求得最適當的解答。這種拘謹的策略，使每一個即存的解答得以被檢討而求得改善，對於設計品質的改進頗爲重要。因爲，它含有試誤方法的意味，所以，必須抱着一種「既往不究」的態度，才不會永遠處在一種「後悔」的狀況下來改進設計品質，而應該被視爲一種「進取奮發」的設計途徑才對。

有許多設計者，很願意接納一種更能隨意地支配時間及人員的策略，我們稱之爲「適應的策略」(adaptive strategy)。這種策略可被靈活的運用，隨時可以繼續作業，也隨時可以停止行動。但是，在設計行動未被停止之前，幾乎無法預估或控制設計作業的成本和時程，是一大缺點。這種策略的第一個行動必須先被決定，才能執行下一個步驟；當第一個行動的成果被獲得時，設計者才可以再去考慮第二個行動，決定第二個行動是什麼，或是將設計行動停止於第一個行動的成果。因此，每一個行動的決定，都必須受前一個行動成果的影響。這種策略的特點，在於能夠適應設計問題的大小範疇，對於設計問題的解答，可以現有的時限及人員來加以調配，但是對於解答的成功度並不十分妥當，除非經過多次的行動步驟之後，才得更加接近合理的答案。

當設計者面對一種龐雜而不確定的範疇，例如複雜的都市設計問題時，必定遭遇到許多不能肯定的資料和變數。在解決此一問題之設計過程中，資料和變數的困擾，以及設計因素之不斷變化，迫使設計者很難尋找出一個妥當的狀況，更不能徹底瞭解問題的徵結所在，並且找出若干可能的解決方法。

爲求得一個成功的解決途徑，設計者必須先克服都市設計中對未來情況的評估，然後才能發展出幾種不同的解決辦法，而這些情況又是以前都從未發生過的。都市設計者所面臨的，不僅是問題的本身，而且是一種「設計情況」(design situation)，設計者必須在這龐雜的設計情況之下，先界定問題，從問題中抽取若干獨立的探索目標，並且進行目標分析，才能發展設計，校驗其行動的成果。這種探索的模式，在刻意不使涉及其他行動成果的原則下，完全未經安排的進行，我們稱之爲「隨意探索」(random search) 的方法。因爲這種作業程序較偏向於「集體創作」的方式，而較少有「小組設計」的約束，因此，可促使設計者重複不斷地發展設計過程的模式；希望能增進對設計問題的瞭解，也更精確地導入合理的設計過程。這種方法有如兵家所謂的「各個擊破」的戰法，直到敵人全軍覆沒爲止。這個方法可集合各個獨立目標的探索成果，而產生大局的圓滿答案。

一般設計策略的運用模式，都能夠容許其探索型式有不同程度的變化。但是，爲了確實地掌握設計策略的方向，以及行動成果的連續性，設計者必須以設計策略的每部份行動的成果，針對設計目標的需求再作評估，才能證明其途徑是正確而必要的。同時，必須印證這種策略，對於設計者所要改善之最原始的外部準則 (external creteria) 之交互影響，是良性而毫不衝突的。當設計過程所遭遇的困難愈大，這種「策略控制方法」(strategy control method) 的運用更形重要；只有，當行動的成果被評估而確定它的價值之後，設計策略才有繼續存在的必要，否則，就必須加以更正或甚至全盤捨置。

為了解決某一個設計問題，設計者可以採取許多種可行的策略。在選定這些設計策略之前，設計者必須針對設計情況作更多的了解，以最有效的情報作為指引，依着設計者本身之能力及運用之偏好，予以決擇。最重要的是: 這些被選用的設計策略，都必須彼此協調而產生一貫性的連續行動，目標一致，共同組成一套完整的設計策略。對於設計策略的選定，必須能夠確實地掌握它的行動方向，密切的契合於設計行為之整體性作業。如此，整個設計行動所發揮的一切才智，才能夠運作於最具關鍵性的設計過程中，也才能以合理的途徑，圓滿地達成設計目標。事實上，在斷言某一種策略適用於某一個設計情況之時，究竟它的實效有多大，應該先將此一策略納入實務之後，才能以實際的經驗過程來印證論理的陳述。否則，誰也不敢輕易的下結論。

3.4 網組計劃

二次世界大戰之後，人類在科技方面的發展，使得生產規模急速的擴大，生產過程的專業化日益精密，管理的工作也就愈加感到重要。由於，專業化的結果，許多不同職種的專才，必須互相配合，分工合作，才能在預定的時間內完成最好的工作。因此，必需有一種完善的計劃，用來有效的控制作業的進行，才能引導工作在最佳的情況下，達成最後的目標。

長久以來，在科學的管理方法上，有一種「杆梯進度表」(gantt-chart)

或稱之爲「棒線進度表」(bar-chart) 的作圖方式，被人們應用於計劃的控制方面（圖 3.4.1）。這種進度表所能表示的，只是每項作業的進度時程；對於整個計劃的各個項目之間的相互關係，僅是時間的因素而已。至於，計劃的成本及影響整個計劃的瓶頸（bottle neck）都無法加以表明，更無法加以控制。因此，對於龐雜計劃的綜合性管理而言，已經無法作爲一種有效的控制工具。

	1	2	3	4	5	6	7
A							
B							
C							
D							

1.2.3.……時間　A.B.C.……工作項目　——進度

圖 3.4.1　棒線進度表

生態學論理的演化，使我們對於各個因素間的關係，有着更深一層的認識。傳統的想法，對於影響問題的各個因素，通常都以排除其相互間的作用，並且都盡力以解決各個因素的個別問題爲處理方法，因此而浪費了許多人類的資源。但是，在資源不足的今天，不僅要節約資源，同時必須高度利用資源。如果，永遠固執着一種限於局部的觀點，用以處理事物的話，那麼，將無法確實的掌握各個因素對於整個問題的影響。因此，要想有效的控制整個計劃，就必須擺脫這種傳統的想法。相反的，必須積極的掌握住各個因素間的相互關係及作用，使各個因素間之作用，由相互克制演化爲相互配合，才能高度發揮各個因素與因素之間的豐富能量。

「網組計劃」的基本觀念，必須着重於整個組織、構造及制度上的綜合思考。網組計劃的本身，乃是設計策略的實務應用，它必須具備着科學管理的合理性，使得一切問題，無論遭遇到任何一種設計情況，都可以依據最有效的情報和資料的指引，達到預期的成果及目標。

網組計劃的技術，可被分成爲三大類。其一爲「計劃評核術」PERT (Program Evaluation & Review Technique)，其二爲「關鍵途徑法」CPM (Critical Path Method)，其三爲「複合計劃案」(Multi-Project) 之問題等。這三種方法被通稱爲「網組技術」(network technique) 或「網組分析」(network analysis) 或「網組計劃」(network planning)。三者都具備着管理計劃學理，所必須涵蓋的「整體性」及「關聯性」的兩大特徵。

「計劃評核術」是一種非常實用的管理控制工具。除了各項作業所需要的時間，必須根據實際的經驗累積才能知道之外，其他都不必有太多的過去經驗，就可以運用這種方法。應用這種方法的最大目的，在於計劃的評核與追查的行動；這是根據統計的方法爲基礎，發展而成的一種方法。但是，並不需要統計學那麼深奧的數學演算，也不必用統計學那麼複雜的統計方法。尤其是龐雜的計劃案，應用 PERT 的方法，遠比應用其他方法來得簡單順手，如果，再能配合電腦操作來分析資料，那麼，就更能發揮這種方法的實用特色。對於計劃案的評估與調整的工作，PERT 提供了這方面最有效的技術，使作業目標能在預定的時限內圓滿達成。因此，自從一九五七年 PERT 的構想具體化以來，再經過一九六二年有關的電腦程式的發展，已經促使 PERT 的技術廣泛地被各種計劃案所應用，而且成果相當輝煌。

「關鍵途徑法」CPM，與 PERT 的歷史相當，這種方法是著重在計劃的成本與時間的關係上，以利用「補徑線的程式計劃法」(parametric linear programming) 來求取最佳解答 (optimum solution) 的目的而發展成功的技術。

「複合計劃案」的問題，比之PERT 或CPM的技術更形複雜。PERT 與 CPM 都是針對某一個計劃案的作業而設計，而這種 Multi-Project 的方法卻是綜合處理同時進行的多個計劃案之間的管理控制的技術。這種方法的目的，在尋求一種有效的運用各計劃案之間的一切資源調配之處理技術。對於同時進行多個計劃案的建築事務所或營造廠，甚至大如我國現今所進行的十項建設，如果都能應用這種方法加以有效的控制一切人力、材料及財力的各種資源，那麼，將更能發揮各種資源的能量，促進各計劃案之間的協調作業，以求得成本及時間上最高經濟之效用。可惜的是，目前這種方法仍然存着許多實務上的困難，似乎還停留在試用的發展階段。

應用網組計劃的技術，最重要的，必須針對設計對象先行分析，以探求該計劃案所需之各項作業之間的相互關係，才能依據設計策略所陳述的行動原則，加以安排計劃其作業流程，再加以控制管理各項作業之間的行動步驟。同時，必須確立設計小組的共同設計目標，對於將來錯綜複雜的設計能量作最有效的運用；如果不能將設計能量加以有效的運用，也就無法確保設計的品質。為使各專業之間獲得分工合作的最佳情況，就必須要有合理的程式計劃，並且以網組計劃的技術，作最有效的管理與控制。

網組計劃有其理論簡單及注重實務的優越性，只要遵守其製作的規則，就能有條有理的把計劃案的複雜作業表示清楚；不僅使製作者輕易地掌握住整個作業的過程，並且能夠正確地傳達計劃的內涵。因此，網組計劃的發展將為計劃案的控制帶來有效的功能。

同時，網組計劃的製作程序，是以整體性的觀點來檢討與計劃其合理性和經濟性。因為，它能夠提供綜合性的有效情報，所以，也可以由各作業部門共同製作成網組計劃。不但，能夠發揮各部門的專業效能，並且，由於計劃過程中的充分接觸，各部門都能充分了解本身所負的職責，並確實地掌握本身的工作。因此，網組計劃的製作模式，不僅能夠加強作業責任，提高工作情緒，並且，可以促進各專業間的協調，以期開發一條可以達成設計目標的最佳途徑。

網組計劃的製作程序，由規劃 (planning)、時間安排 (scheduling)和追查 (follow-up) 等三階段所組成。由作業項目的分析，製作作業網組，並加上作業時間的估計，這一階段我們可稱爲規劃階段。在這一規劃階段裏，我們所掌握的作業流程，乃是一種理想中的作業過程。在時間的估算方面，應該暫時不以限定的工作時間爲對象，而僅能以正常的狀況下，各個作業行動所需要的時間爲前題，而以經驗的累積來計定完成作業的「工期」(project duration)。在本階段裏，最重要的工作，乃是分析與繪製各個作業項目之間的相互關係 (inter-relation) 的作業網圖，這種作業網圖在 PERT 的方法裏佔有非常重要的地位。

在高效能的工作計劃裏，掌握各個作業項目之間的相互關係，乃是第一要務。其後，經過分析、判斷和決定的思考過程，都需要提供有效的傳達情報的工具，所以，設計者必須將作業「事項」(event) 予以圖形化或符號化； 就如數學上，以圖形及符號來表現邏輯性並傳達思考一樣。所以，以圖形化和符號化所繪製的作業網組，也就成爲網組計劃之規劃階段的主要課題。

在規劃階段裏，我們所設定的是一種理想的計劃情況，但是，作業時限常因委託者的要求，或其他設計環境的因素影響而有所約束。所以，設計者必須設法在某一作業行動中，考慮如何縮短其工作時間，以期能夠在時限內完成計劃案。此時，就必需根據規劃階段所估計的，某一作業行動的「寬裕時間」(float)，應用「極限途徑」(limit path) 的方法，愼重考慮各種人力、材料及成本的資源條件，用以縮短作業時間。這就是時間安排的階段。

「關鍵途徑法」CPM 在本階段裏，提供了有效的控制方法（圖 3.4.2)。在作業網組裏，從最初的作業事項到最後的作業事項之間的許多作業途徑中，必定會產生一條最長的作業時間的進行途徑，這也就是決定工期的「關鍵途徑」(critical path)。由此，關鍵途徑上的任何一個作業行動的延遲，將影響整個計劃案的時限。換句話說，如果能夠在關鍵路線上，想辦法縮短其作業時間，必定也能夠縮短整個計劃的工期。所以，關鍵路線在作業進度的控制上具有很重要的意義。

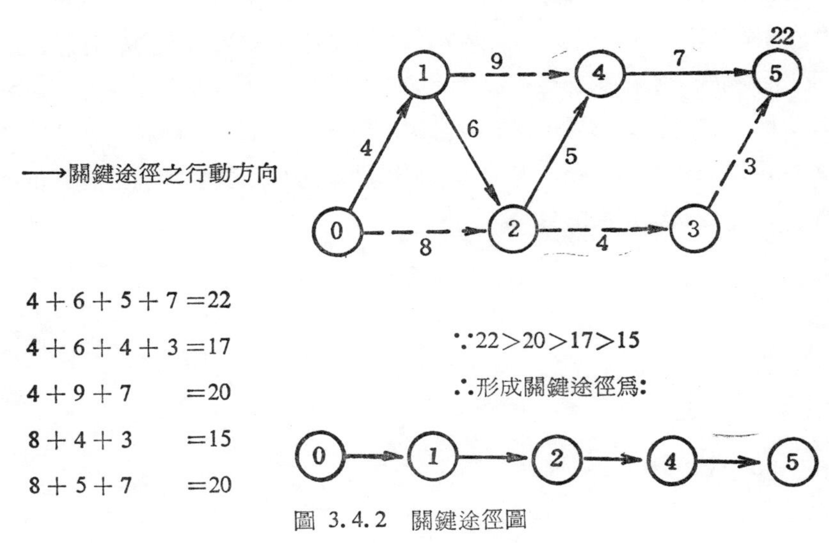

圖 3.4.2　關鍵途徑圖

在實務上，工作的進行經常因爲某種因素的摻入，而不能完全依據計劃行事。尤其，在擬定計劃時，不能確定的因素愈多，這種現象就愈容易發生。因此，在擬定計劃時，必須把一切不可預測的因素，隨時準備用以調整原有的計劃。PERT 的優點，就在於能夠隨時查對工作的進度，並且適時的調整計劃。這也就是追查的階段。

在追查的階段裏，隨着作業的進度，每隔一定的時間，必須作一次追查的手續。如果，發現原有計劃的估定時間有所變化，或需要變更設計時，那麼，就必須及時修正作業網中有關部份的作業時間或行動方向，同時，可挿入新的作業事項，重新估計其「寬裕時間」，掌握其「關鍵途徑」，用以控制作業進度。這些手續，設計者可以利用電腦的運作予以達成，其輸入與輸出的形式也可以按照不同的目的，作成電腦程式。除了時間因素之外，也可以將人力、材料及成本等因素與網組計劃聯結在一起考慮，以期獲得最佳答案。

以網組計劃來控制作業行動時，除了製作「主要網組計劃」(master network) 之外，爲了管理每個作業段落的進度，或各種人力、材料、成本及其他機械等資源調配規劃，有時必須再製作「次要網組計劃」(sub-network)。在主要與次要網組計劃之間，設計者必須愼加檢討其整體性及關連性，以總效果爲目標，務使次要網組計劃能夠促成主要網組計劃更爲完備，而不是造成相反的效果。

第四章　設計意念

4.1　意念的產生

基本的思想源自基本的問題——關於人與宇宙，關於人與生命。由每個人心中所激動着的問題擴大和加重思想的範疇。

從某一個更高層次的角度來看，大多數（甚至是所有）的答案，都早已潛在的具備了某一個腹案。有很多人面對一個切身的問題時，都會自問：「我該怎麼辦？」這種自問的方式，往往是對着自己下意識的決定或想法的一種心虛的反應。如果，我們改變另外一種方式自問：「我到底想做些什麼？」情況似乎就大不相同了。如果，再進一步自問：「我究竟有什麼感覺？」這就可能把問題更進一步的向答案推近了些，這個問題表示，我在任何時候都有着不同的感覺；我所要做的事，就是找出其中一種對我最感迫切的感覺來。如果，我能找出我最迫切的感覺的話，那麼，我要做些什麼就可自然而然的顯現出來了。簡單的舉個例子：如果，我感到肚子餓，那麼，我就應該自然而然的找點食物來塡飽肚子。至於找些什麼樣的食物才能滿足我的肚子？那又是另外一個問題了。

身爲一個設計者，就像一個聰明的探索者一樣，他必須經常爲自己保持着一個敏銳而開擴的觀察領域，對於四周的環境所發生的事物，作最迅速的反應，並且，從體驗中探求其中的道理，經過理性的分解，作各種不同的聯結；以期將來對於每個決定都能夠很謹慎的去做，又能夠使每一個步驟有所依據。其依據乃是以人類的需求爲本位。

意念（idea）的產生，如果能以「爲何」與「如何」來考慮時，意念本身可以當作是達成目標（爲何）的一種手段（如何），這種手段必須隨着時代環境的不同而變化。由於，建築的類型隨着時代環境的變革愈加增多，其機能的需求（function requirement）也愈趨複雜，促使設計者不能不隨着改變其設計的意念。因此，每當設計者要想改變建築時，首先想到的就是，必先尋找新的意念來滿足各種不同機能的需求。如是，各種不同機能的需求也就成爲促使產生意念的一種重要的源由。

在建築設計裏，設計者所要追求的，並非只是構成建築的「量」（volume）的問題；同時，設計者更應該重視其建築的「質」（character）的問題。建築，固然是人類生活的容器，但是，並非每一個容器都可以被人類生活於其中。所以，各類建築機能的需求，不僅僅在於滿足一個容積的問題，同時必須使它具備更多的性格或特徵，才能顯示一個「空間」(space)的眞正意義。

設計者可以試着把空間人格化。一個具實的軀體並不能代表太多的意義，只有加之以氣質才能被稱之爲「人」。設計者對於空間的要求，也就在於其內外所表示的有意義與無意義的差距。一個有意義的空間，必須能夠確實的滿足各種不同機能的需求，同時，也必定是由各種合理的系統所構成。

在意念的產生中，機能的需求經常被廣義的思考着，它必須不僅是技術的分析，同時必須考慮到社會的意識（social sense)。在技術的分析裏，設計者必須由結構系統(structure system)、設備系統(equipment system)環境研究(environment study)，以及其他相關的學術理論(relative academic theory）着手探求其合理性，以期滿足機能的需求，產生不同的設計意念。另一方面，因社會意識的改變也促使設計意念的變化。在變化多端的社會系統的模式裏，人類與他所生活的空間，有什麼直接的相互關係，而且，在行動的反應與得自空間的知覺之間，又會產生何種的關係？諸如此類的問題，都必須含蓋於滿足機能需求的設計意念之中。

另一個產生設計意念的方向，乃是建築的生產背景。由於生產技術及產業經濟的不同條件，經常因時或因地而促成不同的設計意念。爲了達成設計目標（爲何），所採取的某種手段（如何）上，意念的產生，不得不尋求一種更爲合理的生產背景；在技術上或經濟上所允許的限度內來構成設計的意念。有很多從先進國家回來的建築師，經常發覺國內的建築設計水準爲何如此的低落，幾乎沒有一個比較「像樣」的作品！其原因當然很多，但是，最嚴重的問題，發生在建築生產的背景上。從建築生產的技術上或建築產業的認識上，都直接影響了現階段的建築設計，在這種低姿勢的設計環境裏，設計意念的產生受到了相當嚴重的限制，以致建築設計變成毫無「創造」可言。

是故，在設計過程中，意念的產生必須基於兩個方向，其一爲機能的需求，其二爲生產背景。由此，設計者可產生許多不同的設計意念；也唯有在明確的機能需求及可行的生產背景之下，才能產生有效的設計意念，達成設計的目標。

聞名國際的設計方法大師仲斯（J. Christopher Jones）在他的論集中引介了一項非常有用的基本理論，指出有關研究設計的六大問題，來作爲分析設計意念的基礎。這六大問題是：黑箱進行方式(black-box approach)、玻璃箱進行方式（glass-box approach)、控制（control)、觀察（observation)、問題結構（problem structure）及設計發展（design in evolution)

在「黑箱進行方式」中，人們都相信設計是件神秘不可探知的現象，設計意念的產生以及處理的過程，乃至於具體成形，一直都沒存於設計者的腦海中。對設計者本身而言，雖然整個設計過程的進行，看起來操縱自如，簡直是隨心所欲，然而，卻無法讓他人摸着他的底細，也不知葫蘆裏賣的是什麼藥，以致整個設計無法拿來分析。我們只能說：這個設計與設計者的天才「創造力」有着密切的關係。但是，這種黑箱的進行方式，我們可以藉由設計技術而予以昇華，例如：腦力激盪術(brain storming)和異象關係化（synectics）等，都可作爲黑箱進行方式的設計意念的開發技術。在理性的設計裏，也必須應用設計技術才能使黑箱式的意念顯得有意義。

雖然，這種近乎傳統的黑箱進行方式之設計意念的產生令人難以信服，但是，也有少數著名的設計理論家予以熱烈的支持。例如：奧斯本（Osborn）、戈登（Gordon）、馬其特（Matchett）以及布羅班（Broadbent）等人都一致認爲：在設計過程中最具價値的部份，應該是那些在設計者腦中進行的一些稍微超出意識控制之外的部份。有很多設計老手，經常把自己置於一種反對理性設計者的狀況之下，也都很同意這種黑箱式的設計方法。

假如，我們以人工頭腦學的（cybernetic）或生理學的（physiological）術語，能夠明晰的表示出這種黑箱進行方式的觀點的話，那麼我們只能說：黑箱式的設計者能夠產生一種頗具信心的設計意念，並且能夠作出非常成功的設計作品，但是，自己卻無法說出這種設計過程是怎麼的一個程序。就像一首交響曲或一幅抽象畫的構成一樣，我們只知道很美或是很過癮，卻很難解釋或根本不想知道它是怎麼形成的。

一切的思考必須放棄說明宇宙的企圖，因爲我們不能了解發生在宇宙的事情。宇宙的精神是創造性的，同時也是破壞性的，因此，它對我們而言是一個謎。我們不可避免的必須聽命於這點。

對於這類黑箱式設計者的創造力而言，我們只能把他想成像魔術師一般的看法，完全是一個具有神經系統的人的行爲而已，只不過，我們把它的這種行爲的基礎神秘化了。換句話說，如果我們想要解釋這種行爲，也只能假定它並未介入任何意識的思考，而大部份都是藉由運動神經的系統所左右而已。如是，才能認同一個熟練的行動可以無意識地在黑箱中被操縱。那麼，要想淸楚的解釋這種設計過程的全部程序，就變成不合理，也不太必要了。

曾經有很多學者都想尋求：到底神經系統製造的極其複雜的產品是如

何來的? 其中牛曼（Newman）的一套理論最具有生理學上的依據。他主張: 人類的腦子是一種能夠隨着外界的刺激而改變其形態的一種複雜網路。由於這個論點，我們可以說: 許多有創造力的天才所深切體驗的「靈感」，實在就是由於腦子裏的一些網路，經過許多次的嘗試之後，突然地接受或契合了一個輸入的情報，而產生一致配合的形態的成果。

有很多針對着腦力記憶的實驗報告都指出: 當一個人每次試着去回憶過去的經歷時，這些經歷就會再一次的重現在腦子裏。人類的頭腦是一部半自動化的組織，在潛意識裏，當一個新的情報刺激腦子時，它不僅能夠從最近輸入的情報中找到相一致的網路，並且也能夠從已經形成的記憶中找出相符合的網路形態，然後，以這些先前輸入的情報網路來決擇與現在輸入的情報之間的一致性，解答現在的問題。如果，我們相信生理學家的這個論點，那麼，我們也就可以相信: 腦子裏的意念，不僅受制於來自最近的狀況，同時也受限於從前所經歷的情況。這種事實，很明顯的告訴我們: 沒有充分而正確的經驗，就不可能有充滿信心的意念，也就不可能成為一個天才的設計者。由此，我們也可以確信: 所謂天才設計者的靈感決不會來自一個空無一物的腦袋瓜。因爲，天才設計者的腦子裏，充滿了比別人更多的情報網路，所以，他的意念比別人動得更快也更好。就如同我們對電腦的認識一樣，並非電腦可以取代設計者作爲判斷、決擇或構思的泉源，乃是因爲電腦裏儲備着比人腦更多更好的記憶網路，然後根據問題所訂的目標，加以反覆的校驗與評估，才能擬出適切的整體答案。就因爲電腦的記憶網路比人腦更明確，電腦的精力比人腦更充沛，所以電腦比人腦更具「天才」，在設計過程中成爲不可或缺的工具。

因此，在這種黑箱進行方式之下，如果能夠減低社會的抑制力，那麼設計者的設計意念將會產生得更迅速，但是，相對的也會變得更爲隨意而行或更爲奔放任性。

在黑箱進行方式之下，設計者終會有一種愉快滿足的感覺，這就是所謂「靈感」的到來。但是，首先他必須經過一段漫長的苦鬪時程，在這段時間內，他一直在作了解和組織的工作，在他的腦海中把問題的結構一再的重現，經過一段漫長而看來毫無進展的時程之後，突然悟出一套掌握問題結構的新網路，解開所有的矛盾而獲得問題的答案，成爲十足的「天才」。因此，倘若能夠將問題結構的輸入方式變成更爲明智的控制方法的話，那將可以增加獲取問題答案的機會；這也就是我們對於黑箱進行方式所能作到的最後的建議。

仲斯 (J. C. Jones) 也指出許多與黑箱進行方式大不相同的設計者，他們相信設計能夠被系統化，更可以被明確的分析解剖，就像一隻擺放在解剖檯上的青蛙一樣，由於「作業研究」(operation research) 技術上的配合，促使「設計程序的邏輯模型」(logical model of the design process) 能夠很熟練的被設計者所運用。這種設計程序的模式，我們稱之爲「玻璃箱進行方式」。

大多數的設計方法都與具體化的意念發生關連，因此，必須以理性的設計爲基礎，而不是基於一種不可理喩的假設上。即使，設計者對自己所作的決擇都不能夠提出一個令人信服的理由，但是，我們還是認爲整個設計程序是完全可以被解釋的。因此，大多數「系統化設計方法」(systematic design method) 的開創者都深信：只要設計者能充分的了解他在做什麼 (what he is doing)，或知道他爲什麼這麼做 (why he is doing) 那麼設計者就可能產生許多設計意念去進行設計。

爲使思想過程不受任何阻礙，就必須對任何事物有所準備，即使是注定要與不可預知的宇宙和生命作無盡或無效的苦鬪，但總比倔強的拒絕來得高明，因爲，這種行動意志，使我們瞭解我們正在做什麼。

在合理性與系統化的原則之下，設計者就像是一部電腦人一樣，他必須根據輸入的情報，經由一套有計劃的分析、綜合和評估的步驟和環路，直到獲得自認爲最佳的解答爲止。在一種熟習的設計情況下，把許多變數交給電腦操作，對於合理性的假設當然是正確而有根據的。但是，在尋求一種不太熟習的設計問題的解答時，設計者還是必須根據「形態學」(morphology)、「系統工學」(systems engineering) 和「決策理論進行方式」(decision theory approach) 等設計方法的幫助，才能獲得滿意的解答。

因此，在玻璃箱進行方式裏，設計者必須先確定設計的目標、變數和準則。在獲得設計答案之前，設計者必須儘最大力量去作充分的分析工作。但是，對於解答的評估也大都僅限於語言上的 (linguistic) 和邏輯上的效果，和試驗的評估方法不盡相同。而且，由產生設計意念直到設計問題的解答出現爲止，其一連串的設計策略都必須在未做之前預先設定。這些設計策略，通常是採取漸進式的策略，但是，有時候也採用平行的步驟或有條件的方式及循環的策略等。

對於某些不太熟習的設計問題而言，玻璃箱進行方式似乎比黑箱進行方式來得有效。至少，在設計意念的產生方面，設計者可以清楚的解釋它的由來，而不是「神來之筆」或「靈機一動」所產生的「天才」意念。這種過程運用了設定的準則，也選定了設計策略，對於未來的設計作業，至少是比較可靠的一種進行方式，也幾乎可以說跟天才的「創造力」沒有太密切的關係。

在理論上，「控制」和「觀察」兩者都很難予以明確的說明。我們只能從語意學上知道：所謂「控制」的意義在於能夠自制。「觀察」的意義在於了解在設計中作了些什麼。每一位優良的老師都能夠教導從事於設計的學生，依據某種方式去練習「控制」的能耐。但是，在設計過程中，許多基本的「作業研究」(O. R) 卻很嚴重的抑制了「控制」的作用。大部份從事於設計訓練的學生，都從大量的綱要訓練着手練習，他們一開始就從各方面大量的收集情報資料，凡是對設計有關的資料，不管是否適用與否一律抄錄，絲毫不能下點功夫加以「觀察」或「控制」，以致這些頗具激發性的情報資料竟被誤解或濫用，而帶給設計者一個致命的創傷，終使設計成果無法達到設計目標。

所以，一個缺乏「控制」與「觀察」的設計者或設計小組，由於情報方向的偏誤，所產生的設計意念也就似是而非，變得無法掌握，終將遭遇到一個非常痛苦的設計過程。如果，集合一羣代表着不同興趣和專業的人才在一起，發表各自的設計意念，除非，能給與每個成員特別的智慧和特別的創造力，以及因此而產生一項特別重要的觀察力與控制力，否則，這一組設計羣的辛苦努力的結果，將是一團糟，其設計成果也必將失敗無疑。

因此，在產生設計意念之前，設計者必先學習如何控制或掌握一切有效的設計情報和資料。使適用的變爲寶貝；使無用的趁早捨棄。設計者更應該專心注視着整個設計的過程；了解在整個設計程序中到底在作些什麼。

設計的「問題結構」，在理論上比較能夠作個明確的解釋。形態學的分析（morphological analysis）的定義與「問題結構」有密切的關係。它是由「模式和型式」(pattern & shape）所造成的。從需求的條件系統而言，是一種「重要的變數」（significant parameters）。這些變數被舉列成一個表格，在表內，相對於每個變數可得到每個不同方式的解答，再從所得到的每種不同方式的解答的組合，我們可以得到整個問題的答案。

舉個簡單的例子：如果我們的變數表格裏有二個需求條件，其中一個是「我感覺到口渴」，另一個是「我感覺到肚子餓了」。則相對於前一個「重要變數」的意念將是「我應該喝點水」，後一個相對的意念是「我應該吃點東西」。我們把這二個答案組合，所得到的總解答應該是：「我應該吃點有水的東西」，因而所產生的意念可能是吃中式的稀飯，也可能吃西式的麵包加牛乳。

如是，設計者可以從設計的「問題結構」裏，分析其需求條件的不同因素，而產生各個因素的許多不同的設計意念，再綜合這些設計意念，產生一個正確而又有效的總合的設計意念去進行設計。

由勒克曼(John Luckman)所謂的 AIDA(Analysis of Inter-connected Decision Areas) 設計技術，也利用這種「重要變數」的圖表方法來求得整個問題的答案。首先，他決定出設計中的各個因素 (factor)。有些因素只能夠滿足某一個單方面的需求條件，而其他的因素則可能滿足了許多方面的需求條件，而且，對於一個因素的特殊答案，很可能並不適合作爲其他因素所要求的答案。在這種情況之下，就必須在許多的答案中，尋找出比較適合於多數需求條件的解答，一步一步，逐漸消減掉那些不適合的答案，直到，所留下的答案，能夠眞正顯現需求的要點和其他適切的標準爲止。那麼，這些合理的答案才能夠眞正有資格被決擇，也才能夠眞正確定一些有效的設計意念。

關於設計的「問題結構」的論集中，頗受衆人注意的還有亞力山大(C. Alexander) 的「分解法」(decomposing)，他把設計問題分解爲可變的「適當」與「不適當」。這種方法主要還是以「圖解理論」(graph theory) 爲基礎。設計問題被分列爲瑣細的構成分子 (constituent components)，這些構成分子被稱爲「不適當變數」(misfit variables)，然後研討這些變數之間的相互關係 (connexion)，從彼此的相互關係中，設計者可建立許多「組」(groups)的「不適當變數」。由各組變數所具有的幾何性質，我們可以用「圖形」(diagram) 來表示，這些「圖形」的綜合也正是設計問題之所在。因此，設計者可從這些「圖形」的組合、併連及多次的修正，即可求得「問題結構」的綜合答案而產生設計意念。

類似亞力山大 (C. Alexander) 的分解法，有很多人曾經努力的嘗試過，其中以劍橋大學的漢生教授 (Keith Hanson) 所採用的方法，最接近亞氏於一九六四年所發表的理論。在他設計住宅的計劃案裏，採用了這種分解法，利用各個變數的組合圖形來發掘設計問題的疑難，減少問題的困惑。很不幸的，在某些情況下，這些圖形使人大感迷惑，有些又是不可能被畫出來，不但沒有解決困難反而愈理愈亂。因此，他下了斷言說：如果眞能夠從這些圖形的組合裏求得問題的解答，那將一定是非常確實而有用的。但是，他也誠實的表示，經過這次亞力山大式的研討之後，他再也不敢作第二次了。就是亞氏自己在一些時間之後，他也得到了一個結論：分解是一回事，再想把它們綜合起來，那就困難得多了。

英格蘭伯明罕的潘尼（Barry Poyner）曾經與亞力山大一起完成了「關係理論」(relation theory）的研究。此項研究乃是以人類活動的特性爲大前題，把周遭的環境分爲「對」與「錯」二種變數。兩者之間的衝擊可產生幾組「傾向」、「衝突」和「關係」表現出來。當某人有機會去做某件事時，我們稱他爲：有某種「傾向」。例如：某人很想從辦公室向戶外能夠看到某種景色。這種意念的表達，比簡單的「需要」(need) 有更深層次的意義。當然，設計者應該儘量去滿足這點「傾向」。然而，依照亞氏與潘氏的想法，設計者必須有些更爲敏銳的設計意念，那就是，設計者還應該設計其周遭的環境來滿足這種「傾向」的趨勢，使之完全滿意。這就是亞氏的方法在設計意念的產生上，更能擴大意念範疇的效能之所在。這些，在亞氏的方法裏，都能以各種幾何的圖形來表現它們之間的「關係」。

亞力山大的方法，是以觀察人類的行爲作基礎，由觀察而繪定它的結果。而其結果的推定，乃是根據行爲主義者（behaviorist）的心理狀況和行爲狀態而定。

亞力山大的「關係」，乃是企圖利用一種簡單明瞭的幾何狀態，來解決人類之間不同的「傾向」所發生的各種「衝突」。但是，必須預先假定，這些人在同一方式之下，都能適應周遭的環境。事實上，每個人對環境的適應都有自己的一套方法而各不盡同。因此，設計者必須有勇氣區分這些旣複雜而又曖昧不明的情況，才能期望得到幾何的明辨狀態。這就必須讓人們有權選擇他們要如何去適應環境，而不能以強迫的手段，使每個人都變成同一標準的形態。這就是，當一個設計者在設計意念的產生之際，所必須銘記在心的一個大前題。也就是，爲什麼一個設計問題的答案，不能滿足所有使用者羣的各個成員的一個大原因。

身爲設計者，在設計發展之際，必須能夠隨時區分不同「關係」之間，有何種不同的「傾向」；不同的「傾向」之間，又有何種不同的「衝突」。其強度的大小，必須由設計者從經驗及實驗中自行設定，也許不能十全十美而皆大歡喜，但是設計者必須有自信，至少，必須有某種百分比的成功度，才能因此而提出解決設計問題的意念，而獲得最少妥協的設計答案。

下面我們附錄亞力山大所提出的住宅設計的三十三種基本需求條件及其相互關係行爲之圖表（圖 4.1.1）。

1. 提供住戶與訪客足夠的停車設施及適當的迴車空間。
2. 提供服務及運輸工具的臨時性空間。
3. 羣體的接待空間，遮蔽的運輸與等候、詢問及郵件包裹等遞送設施；包裹推車的貯存空間。
4. 養護及公共設施的空間：電話、電力、供水、排水及分區的熱力系統、瓦斯、空調和焚化爐。
5. 休息與交談的空間，兒童的遊戲與看護空間。
6. 住宅的私有進出口，遮蔽的走道和停站的空間，清除身上塵土的空間。
7. 寬敞的私談空間，清洗設施，外出服及手提物品的貯存空間。
8. 對臭味、細菌及塵土的過濾。對抗飛行之昆蟲、飛揚的塵土、煤煙及廢棄物處理的帳幕。
9. 防阻昆蟲、害蟲、爬蟲、鳥類及哺乳動物的設施。
10. 對訪客的單向視線通道的空間。
11. 通道上有明確顯示止步的節點。
12. 孩童、家畜與交通線之隔離。
13. 步道與車道分離。
14. 從快車道進入側道之間，對駕駛者之安全考慮。
15. 保持通道不受天候之干擾：大熱天、風雨、冰雪。
16. 消防栓。

17. 半私密範圍之明顯界限：鄰居、租客與房東之間。
18. 半私密與公共領域之間之明顯界限。
19. 保持適度的變化，減少突然的對比。
20. 控制服務性交通及機械所產生之噪音。
21. 控制公共領域所產生之噪音。
22. 保護住宅受都市噪音之影響。
23. 減少公共步道區受市區性噪音之影響。
24. 保護住宅受地區性噪音之影響。
25. 控制室外空間之間的噪音干擾。
26. 尖峯時刻，保持交通流暢之設施。
27. 消防及救護等緊急通道的重建及修護設施。
28. 保持停車到住宅間之最短距離及最省體力之步道。
29. 從高低及方向上，防止步道系統之危險與混雜。
30. 安全舒適之步道及車道設計。
31. 封閉式之垃圾收集處理，以免環境汚染。

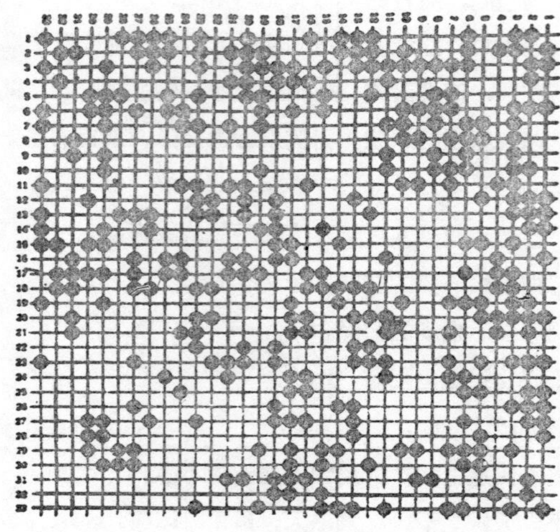

圖 4.1.1　住宅因素相互關係行爲圖表

32. 服務及分配的有效系統。

33. 控制氣候對行車及住宅之影響。

4.2　意念的開發

黑箱法與玻璃箱法的進行方式，對於設計問題的解答都具有擴大範疇的效能。在黑箱法的情況下，是基於設計者的神經系統拋開了所有的束縛，或是加重了更大的刺激，使他輸出了更多的意念。在玻璃箱法的情況下，是基於設計者的神經系統運動被歸納而求得結論。在形式上，玻璃箱法包容了所有交替的條件，而設計者的獨特意念，就是其中的一個特例而已。這兩種進行方式的主要共同弱點，在於設計者經過一個緩慢的意識思考過程之後，所得到的整體觀念，不但是不太習見的結論，而且，大得令人難以作更深入的探討。設計者即不能下一個直覺的，或黑箱式的選擇，因爲，這將再回到他所試着要避開的先前經驗所構成的束縛因素。他又不能以一種高速的電腦去作自動的研判，因爲，電腦程式需要有目標的先決認識，以及可供選擇的準則，而這些都必須基於歸納所得到的可行性結論，才能設定。

要想擺脫這兩個難題，唯一的辦法，只有將有效的設計精力分配在二個部份上：其一是能夠針對一個適當的解答而進行設計研判，其二是能控制和評估設計研判的模式，這就是我們先前所講的「策略控制」(strategy control)。如果這兩部份都作到了，就有可能以一種明智的研判，代替那種草亂無章所歸納而得的結論。這種研判運用了外來的準則和部份的研討成果，因而設計者將可在未知的領域中發現更多解決問題的捷徑。

實際上，在離奇而不熟悉的設計情況下，或由許多人同時追求一個設計時，最大的困難就是，如何控制設計的策略，因此，必須發展一些可供開發設計意念的有效技法。

所有設計意念的開發，我們可以把它歸納爲五個簡單的傳送頻道來描述其步驟。由「輸入」(input) 而「轉化」(encoding) 再「推進」(processing) 經過「解譯」(decoding) 而「輸出」(output)

設計者經常以一般的目標開始着手設計，這樣能夠減少設計資料的混雜，使不適合於目標的情報及早捨棄，而導入一種單純又易於控制的形態。這種過程叫做「相同形物的減縮」(homomorphic reduction)。由於這種過程的淨化作用，促使設計情報的輸入過程得以較爲明捷的進入轉化階段，也促使設計意念的開發得以眞正進入白熱化。在設計意念的開發過程裏，各家所不同的手法在於「轉化」階段的傳達方式，這也是各家各派所自以爲對，而又互相排異的爭論所在。我們且以客觀冷靜的態度來瞭解其相異之處，將會發覺各個都有理據，各個都有實效，其評鑑之強度，必須視設計各案的不同特性而定。最重要的，不論任何一種方式，設計意念的最後決定，都必須經由轉化的系統而得以顯現。

在傳統的設計方法裏，奧圖 (Aalto) 的開發方式可以作爲一個代表。他以傳統綱要的組成作爲「輸入」，這些傳統的綱要只是一種原則性的概念而已，由他親自前往基地勘察之後，以基地現況所給予的情報來擴大綱要的項目。他可以由初步對建築物的構想，用以「轉化」他的情報資料，並經由豐富的設計經驗來執行他的構想；當設計被「解譯」之後，看起來就很合乎他原來的構想了。所以，以奧圖的方法來開發設計意念時，初步的構想就已經決定了建築物的「型式」(form)。

亞力山大 (C. Alexander) 以「圖解理論」(graph theory) 達到「轉化」的目的，也以圖表的意義來「推進」他的情報資料，而「解譯」成他的設計答案。在他的方式裏，經由「傾向」來改變圖表中的線條，使之趨向於實用的計劃，完全以一種「數學」邏輯的方法來開發設計意念。

阿契爾 (L. Bruce Archer)，運用了「關鍵途徑法」(C. P. M) 來計劃他的「設計程式」(design programme)，並且提出目的物的各種性質，如價值感、明亮度和粗糙度等，用以反駁一種經由統計學的簡單收集技術所描繪的建築物的「滿意度」(degrees of satisfaction)。對於同一個目的物的各種不同的性質，他也採用各種圖表的方法來表示其「滿意度」，這種方法後來就慢慢演變成為「定向的理論」(set theory)。他的這種方式與亞氏的方法頗為相似，但是兩者在意義上不盡相同。阿契爾的「分解表」(decomposition)在設計的領域裏，只不過是一張簡單的「圖表」(map)而已，它所表示的是分解某一事物的不同性向，由於對各個性向的瞭解，將可作為設計者探討未知的領域的一種工具。而亞氏的「圖表」卻是一種解答問題的策略，由於對各種圖表的安排，將可作為設計者對意念開發的各個步驟的一種依據。

以上所提的方式，對於一個初學者而言都不是一件容易做到的方式；初學者不可能有這麼豐富的設計經驗來作這些圖表的過程。唯一的辦法就是根據基本的「作業研究」(O. R)——相互關係圖及誇大的圖形等，來作為「轉化」的表現，以使最後的設計成果看起來與他分析的圖形非常相似。

話說回來，傳統的設計者，僅傾向於視覺的想像，所形成的「直覺的意念」容易流於相當的誤差 (error)。而提倡方法論的「繪圖者」(map-maker)，也僅能試求於數學的抽象意念裏，亦容易發生偏誤。因此，一般設計意念的根據，應該是潛存於智慧程序的澎湃中。固然，「設計方法論」已經提供設計者許多線索來幫助設計的進行，但是，與其說是「方法論」倒不如說是「要做的事？」或者更切實的稱為「一個好的想法」。顯然的，一個最佳的設計裏，「方法」是一個重要的手段，但是，如果我們以「方法論」稱之，則似乎就有脫離實際效能的意味。所以，我們不可被「方法論」的教條所限，應該以「創造一個更好的設計」為大前題，才是開發設計意念的正途，也才不致使「設計方法」變成一種空泛的理論遊戲。

設計者，經常由於個人主觀的「成見」而限制了設計意念的範疇，也約束了設計問題的解答。尤其，對於一個龐雜的設計問題，經常以簡化或避開問題中的繁複細節來處理它，遇到不甚熟習或離奇的設計情況，則大都以不斷的再循環的方法來研討設計問題，並且以堂皇的說詞來互證其判斷的明確性。雖然，這是目前設計者最願意接受的作法，但是，在一個更爲綜合性的設計解析裏，單以這種方法來處理問題似乎還是太過於手工藝化。所以，在設計過程中，無論是最初設計意念的開發或是爲了求得更細節、深入的答案時，全都需要藉助於「作業研究」的技法，才能達到目標。而且，設計者必須細心研討各種技法的眞諦，才能靈活的運用各種技法，這才是開發設計意念最保險的依據。

我國有句名諺叫：首念爲善。在設計過程中，初期的意念大都對設計原型的提出有很大的幫助；初期的意念也是設計情報中最重要的一部份。

意念開發的技法是一種有步驟的方法，有其理性的系統，也有其感性的特徵，甚至，允許非理論的經驗世界的參與，所有的構想都可以被考慮在內，就是最不切合實際的構想也不輕易的加以否定；在產生構想的初期階段裏，對於意念的正反兩面——對與錯，適合與不適合——都不允許有任何的衡量或評估。在這一連串的開發過程中，僅以「一個好的想法」爲出發點；專心於「創造一個更好的設計」爲目標。由此，這種意念開發的技法可以使設計者盡量發揮潛力，產生大量的原始理想，減低思考的瓶頸。

在一連串意念開發的過程中，設計者必須容許大量的意念存在，不論意念的大小都不允許有任何的疏漏，並且致力於消除思考過程中的約束，使構想能自由發表。如是，構想的範圍愈大，愈有機會獲得創新的意念，並且，可能由於某一構想的提出，因而引發其他更具效用的構想。

創造的精神是不可能承擔舊有的事物的。所以，一個人的心靈及自我必定得捨棄世俗的誘惑和干擾，飛馳着去創造一切美好的事物。

在許多構想發表之後，必須綜合所有的資料，予以系統化的分類，一步步切實的分析，以採納、合併及重組方法等作業方式不斷的評估。如此，能夠保持構想與評估的分別進行，與傳統的方法將兩者混爲一談同時進行的方式大有不同。

按照設計方法大師仲斯（J. Christopher Jones）的建議，在意念開發的作業中，無論何時，都不應該因爲現實的障礙而加以限制，而且，不可以將分析的程序混亂，必須由初期階段開始逐步加深問題的探討，爲了使意念的開發獲得明確的成果，必須經常保持自由的心情，才不會隱藏其構想而降低開發意念的機會。

對於意念開發所構成之設計情報，他建議應予記錄，而不可僅靠記憶式的討論，並且，把設計目標與問題答案分別列案，兩者必須以最少的妥協情況下獲得確定。

確定了上述兩大原則，我們發展成三種開發意念的技法，即「隨意的列表」(random list)、「異象關係化」（synectics）及「生態有機化」(bionics) 等。

有創造力的人，有的會發現，在他們行動的某一點上，時常需要另外一些有創造力的人來幫忙，或加以修改。

「胡思亂想」並不是一件壞事。在意念開發的過程上，頭一件應該立刻付諸行動的工作就是「想」，不只是一個人去想，還得發動各個不同的個人，從各個不同的角度或觀點自由「亂想」，並提出任何不同內容的意見。這就是所謂「腦力激盪術」(brain storming)。這個「遊戲」的唯一規則就是：對任何不同的意見或構想，都不准即刻經過大腦而加以反駁。也許，有些設計者認爲這種技法簡直是浪費時間，事實上，這種技法的效果卻可以藉助於各個人相互不同的意見，而導出一個快速連續的構想。

Lawrence Halprin 曾說：我喜歡以哲學家的觀點來看一樣東西，並以討論的方式獲得結果。在實行一個新的計劃時，總是製造一些新的思潮環繞着自己，而使所有人感染了這種氣氛，然後皆盡所能的將計劃完成。

「腦力激盪術」是奥斯本 (Alex Osborn) 所創的一種有效的意念開發

技術。參加的人員數目，可由設計問題的範疇大小而定，其中必須有一個有力的協調人，主持整個發表會。主持人首先必須闡明設計問題之所在，並且限制發表會的時間，控制其進度，以一種輕鬆的心情，鼓勵參與者廣泛的發表各自的構想，並予以記錄。會後必須依設計觀念予以合理的分類，並將發表會記錄分發各個參與者，以查對發言內容並補修其意見。

這種發表會對於一個設計問題，企圖突破陳舊的觀念，而發掘新的構想時最爲有效。但是，記錄上所列表的各個構想，並不能提供設計問題的最終解答，其目的，在於藉此引導出最後答案的想法，提供設計問題的一系列應該考慮的不同觀點，使設計者能以更爲廣泛的角度去觀察設計問題的徵結所在。

大文豪蕭伯納在他的名劇「凱撒與古妻巴」中，讓凱撒的部下在凱撒的面前大肆無忌地咆哮，古妻巴問凱撒，爲什麼讓這些人這麼放肆的高聲吶喊，凱撒回答說：「我若不讓他們盡所欲言，我將如何能控制他們？」可見古人已經瞭解如何應用「腦力激盪術」的技法去收集衆人的意見，如果，那時的凱撒下令不准任何人開口發表意見，那麼，他也就無法明白羣衆的心裏想的是什麼，當然，也就無法拿出對付他們的辦法了。

在都市設計裏，設計者必須先作一次社區居民的意向調查，或是讓社區的居民在一種公開討論的形式之下，發表他們的見解。這種技法能夠幫助設計者及早確立問題的方向，選擇一種最爲適當的，而且可行的計劃方案。

因爲，設計者再也不是與世隔絕的理論家，而高深莫測；設計者再也不應該是冷若冰霜的智者，而超然自賞。身爲設計者，必須先熱心於世事，除了精研專業之外，還得向大衆的無名氏學習。因爲，眞正的專家就是當地的居民，他們對「腦力激盪術」所尋求的廣泛意見，能夠提供一系列的建議，不論是對或錯的，對設計意念而言都有很大的裨益。

年靑的建築師，他們多半住在城市中較爲沒落的地段，像苦行僧一樣，住在最不起眼的磚房或是貧民區的店面閣樓裏，他們和社區裏的居民打成一片，從這種近水樓臺的關係裏，尋求設計問題的徵結，除了經常和居民們討論日常瑣事之外，還常常親自參與社區的集團活動，體驗其中的生活方式。這種參與的目的與「腦力激盪術」的功效相同，甚至，比桌子上開起討論會更富實效。尤其是東方人，當他知道被要求作一個調查或徵求意見時，經常是採取一種防禦的姿態，對於問題的發表採取保守的看法，這將迫使此項技法的功效折半。所以，除非能夠經由日常的接觸，才能夠以自由的心情相互溝通，獲取眞正構想的全貌。

都市設計或其他相類似的計劃案，都必須含有一種表達社會性的程序(social process)的意味。爲什麼有很多的計劃案，經由繁複的統計數字之後，就結束於一種淺膚的表面上？問題在於設計者沒能夠讓社區的羣衆，發揮他們的才能的機會。當地的居民們都懷疑着：到底這些專橫的都市設計者究竟在爲他們作些什麼？

當哈普林 (Lawrence Halprin) 的設計羣在作一個社區計劃時，通常的方法，都讓社區的居民們在設計羣的指導下，盡情的做他們心中所要做的事，想他們心中所要想的東西，講他們心中所要講的話。哈普林的設計羣確信，如果沒能夠讓社區的居民參與他們所生活的環境計劃，那麼眞正「社會性的設計」(social design) 就必然失敗無疑，最後，還是只能說完成了一種形式的外殼而已。

哈普林認爲，設計羣的能量發揮，在於沒有一個明顯的目的，卻有一個明顯的過程，所謂「集體創造」(group creativity)的眞諦就在於此，與「小組作業」(team work) 大不相同，並且在方法上有很大的差別。事實上，「集體創造」若沒有經過一定的程序和方法是不可能完全發揮出來的。「小組作業」是有一定的組織的，階級也頗爲分明，並且有明顯的目的，作業小組是一種分工的體系，在某一個限定的時程下，被要求完成某一階段的成果，並且，在一種短暫的目標上結束一個計劃案，而獲得作業上短暫的快感。反而，在「集體創造」的工作程序上，能夠促使集體參與整個設計的過程，更能夠造成一種「客觀的延續」。換句話說，「集體創造」着重於設計羣在整個設計過程中的共同奉獻；「小組作業」則着重於設計過程中的每一個階段上的分工成果。雖然，兩者都有一定的計劃程序，卻各有不同的方法。

在「腦力激盪術」裏，我們所採用的乃是一種「集體創造」的技法；不論是構想的提出，乃至於意見的評估都是由羣體來作業。雖然，有些設計者在單獨作業時，比羣體作業時更能產生更多或更好的構想，但是，這個設計者如果能夠在集中腦力尋求構思時，也能夠抑制所有主觀的判斷和批評，那麼，我們還是可以允許這種「獨立式的腦力激盪術」(individual brain storming) 的存在。但是，不論是個人，小團體或羣體的構思，其最後構想的導出及評估都必須由羣體來討論。

在「腦力激盪術」的發表會之後，必須將所有提出的構想分類列表，並作成初步的評估標準，在現有的資源範圍之下，作更進一步的目標評估，並選擇一些眞正能夠符合需要的構想。在第二次發表會中，羣體必需再度對於評估標準作一種妥善的修改，並提出解答的建議。經過循環式的討論及評估作業之後，主持人就可以將所有最後的評估成果，綜合整理成一個合理的列表，作成最後之報告書 (documentation)，其內容包括設計目標之說明、建議解答之可能性及必需知識之收集等。經過所有參與人員之最後認可之後，以這份報告書作爲設計意念判斷之依據。

利用「隨意的列表」來開發設計意念的技法中，除了以集體式的「腦力激盪術」之發表會，來收集構想或解答的建議之外，爲了發揮個人最大的奉獻及羣體最大的效益，對於更爲龐雜的設計問題，如果允許有更多的時限時，我們可以在發表會開始之前，作一種較長時間及較廣構思的準備工作。通常，是由主持人闡明主題及必需收集參考的知識之後，要求每一參與作業的人員，按日作成構想的記錄，其中包括對問題的最佳構想及問題以外的新構想。以設計時限之長短，在一定時間之後，收集所有之記錄表，並由主持人將這些記錄表作成有系統的整理，再提交發表會，由各參與人員作最後之共同討論，依此更深入問題的核心，並導出更細節的構想及解答的建議。

構想的導出是基於設計問題的需求，在討論會中，必須以各個不同的方向來加以評估。所以，主持人必須具有相當的引導能力，對於構思的提出，必需打破表面的合理化，並且避免過份的瑣碎，對於問題的認識必需具有深切的瞭解，並且能夠掌握設計問題的重心，果斷的加以選擇或捨棄，才能眞正對特定的構想作更深入發展的討論。

爲了避免羣體中的專業人才之過份專橫，設計羣也有必要由無名氏的活動中，收集智力來啓發構想。通常，可以利用心理學的方法，由無名氏來解說其視覺上的模式，表示其個人的喜好及厭惡。雖然，這不一定與主題發生關係，卻可由其意象所得，而可能導出問題的解決方法。也可以利用無名氏個人對於不同環境的不同感受，列舉出居民對環境的不同經驗。這些方法的重點在於加強其視覺的含意，以啓發對設計問題的構想。

一般人都或多或少的犯有一種毛病，那就是，對於愈是熟習的事物，愈是很自然地就將它歸類於某一種性格類型，而缺少再作分析的能耐，而這種性格類型的歸類也因人而異。因此，當一組人在討論一件爲大家所熟悉的事物時，通常對這一件事物的性格與看法都不能一致，尤其，愈是對這一件事物的認識愈是深切，意見愈是分歧。這種毛病的後果，使問題的重新認知，受到嚴重的限制；在固定的範疇裏，人們只會作鑽牛角尖的工作，而缺少了創造更多關係的新希望。因爲，專家們對某件事物已經太過熟知，所以，就會有很多的理由或藉口來說服自己，而不願或不做更多的開發。因此，唯有新手或業餘的人，才有那股傻勁去做再一次的嘗試，以期發現處理舊事物的新方法。

從翠基（Zwicky）所提出的「形態學的分析」(morphological analysis)

技法裏，我們可以打破這種不再做更多開發的僵局。這種技法的重點，在把一個問題的整體經過重新的界定，而變化成許多個獨立的變數。例如：當我們談到「位置」時，可能的變化是上、中、下及左、右或遠、近等抽象空間，如果具體的講，可能是空中、地面及地下或水中等。所有的獨立變數的確立，都應該盡其可能的廣泛，並且能面面兼顧，處處考慮周全。當我們確立了「位置」的內容之後，「位置」便成了一個獨立的變數，在形態學的圖表上就成為一個軸向。一個問題可能被分解為好幾個獨立變數，因此，也就有好幾個軸向。通常，我們由三個不同軸向 (X, Y, Z)，以形態學的模型(morphological matrix)來分析多重變化中的組合（圖4.2.1)。

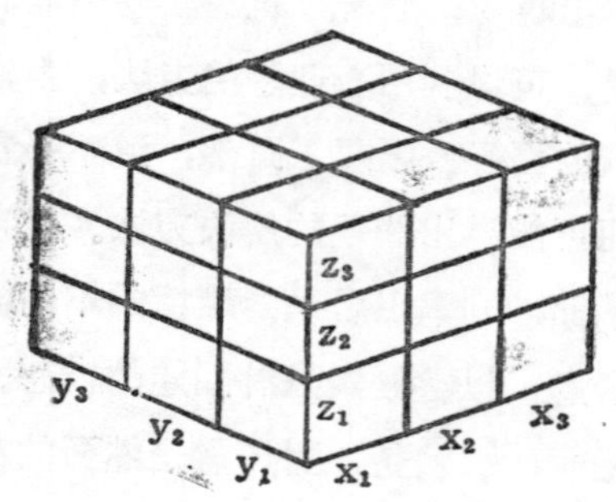

圖 4.2.1 形態學的模型
將ＸＹＺ三個不同軸向之因素，作任意排列組合，可獲得多重的變化，也就代表各種不同的意念。

這種組合類似數學方法中的「排列組合」遊戲，將這些組合列表之後，也就是代表着解決問題的各種不同的意念。其中，有些是荒謬而不切實際的組合，有些卻是從沒有料想到的「絕妙好詞」。所以，這也是一種開發多重變化的設計意念的好方法；從主要目標或環境機能的基本觀念開始，為尋找出多重變化的設計意念時頗具效用。

另一種比較簡單的方法，是將一個問題的內涵作重新的觀察，以問題的性格或品質為出發點，促使問題之間的屬性發生關係，而開發新的意念。首先，我們必須從問題的內涵中確立它的屬性，例如：從它的材料、構造、用途等方面來分析，也能尋找其間之關係而產生關聯。然而，這種「屬性列表」(attribute listing) 的技法，只能作細節的研究或改善時才有實效，卻無法徹底改變設計意念的方向。所以，對於一個熟悉的設計問題，設計者便可以利用這種技法作更深入的意念開發，以求得設計問題的特性，作更明確的瞭解。

以上，我們所討論的都是利用列表的方法，以求得設計問題更明確的眞象。而，腦力激盪術的技法，尤其値得設計者用來開發更多的問題；它使設計者能夠藉助於集體的發掘，而出現前所未能料及的問題。再以分解設計問題所含的變數或屬性，利用「交替作用」的技法，使問題之間的關係發生關聯，而確立設計意念的方向。

我國有句俗語：「窮則變，變則通。」任何問題在山窮水盡的地步，唯一的辦法就是求「變」。而其要訣在於如何「變」才能「通」。問題的發生，有時很難有其絕對的一面，經常都是浮游在一種「是否？」的不定狀況下。解決的辦法，唯有從問題的正反兩面來考慮，然後作合理的判斷，使其結果明確化。

設計問題的發生，有時也會有類似的情況，使設計者左右爲難，不知如何舉棋推進。「異象關係化」(synectics) 提供設計者突破這種難關的妙方。這種技法使問題正反並列，相對而立，將無關連的因素予以關係化，把陌生的視爲常見的 (making the strange familiar)，把常見的視爲陌生

圖 4.2.2　黑白不同的背景，產生花瓶與人面側影的不同形象。

的 (making the familiar strange)，因而啓發其抽象的關係，以導出某種的設計意念（圖 4.2.2）。

這種技法的應用，可以說是一種對於事物觀察的異常態度，將心理的感受轉換成邏輯的思考，使腦力開發的範疇更爲廣泛，也更爲有效。這種技法促使設計者原本保守的固有意念，再作一次反省，再作一次展開；對於迷信因果關係的公式化設計問題，予以強烈的刺激。

設計者，從改變問題的形態、意義或色質等細小的因素開始，以至於擴大或縮小、增加或減少等相對的因素，都可以拿來重新觀察問題的存在；從抽象的數學、次序、時間及因果關係，重新確立問題的特性。由於這類異象關係的探討，很可能觸發新的意念，而確立合理的設計觀念。

另一種設計意念的泉源，乃是來自於大自然的生態。我們確信，建築乃是基於準則的一種進化，準則乃是邏輯的產物，很理智的，由於苦心的研究而成功；基於一項很好的問題——生命的光彩——開始而進化成功，也很感情的由生命的經驗所創立。我們研究建築，最主要的並非有形的外體，而是無形的精神；每一個有形的外體，必有它自已內在無形的精神，然後才有存在的意義。正如萬物的誕生，即開端於秩序一樣，建築的準則也是一條心的。設計者，乃是無盡的靈媒。這關鍵在於它的本身是一種形學，僅視其形覺的精神而定，對於人而言，正如它對於自然法則一樣是一貫的。

Le Corbusier 曾說：我希望建築師（不僅僅是建築系的學生）要時常拿起筆來畫，一棵樹、一片葉子或表現一株樹的內涵、一只貝殼內在的和諧、雲彩的層疊、潮汐的轉變、波浪的嬉笑——並傳達這些事物的內在精神；但願他們的手（經過大腦）為這些細密的觀察增長了熱誠。

我們遠離城市，走到有生命的自然堆裏（雖然有些是無生物），聞着自然的芳蕁。有這麼一天，你會感覺到大自然是多麼的糾雜；這些旋轉的螺錐、曲線、尖角等，都蘊藏着永恒的道與理，這些對於動物、植物及變幻的天空所加以的修飾單元，是多麼的繁富而有味。假使，能夠把你的鼻尖，點向眼前的一枝小草，你將會聞出它孳孳的脚步，聿皇地生長着；在一種有秩序的法則下，統一而變幻不已，有着美妙而濃烈的活力。也許，足夠使你震盪得產生一絲的「快感」；豈知道，這裏面還包容着無限的「美感」，正等待你去發掘。因此，我們必須學習萬物如何誕生，看着它們生長、發展、變化、開花、繁盛而至死亡……，這一切不正是設計意念開發的泉源嗎？我們追求創造力，必須將心理與感覺的反應，作緻密的觀察與印證，以天眞的心情，喚起創造的動機，硏究自然有機物自我適應的特性，引導我們進入更深一層的設計意念。

人或獸、植物或雲彩，這恒久不變的基本顯示：唯一存在的證言乃是佔有空間，唯有佔有空間的意識才使之成爲「體」，因其隨「時」而異，而佔有「空」才使之成爲「物」。「物」與「體」屬於環境裏，如果有人曾注意到他們的偉大的話，那無非是因爲他們有了自己的存在；尙且使周圍產生共鳴而認識其存在的價值。

索拉瑞（Paolo Soleri）設計了一座高達一英里的整體建築，可容納五十萬人口的城市，大家稱她爲「蜂巢社會的組合」。最近，他已實地在亞利桑那州的沙漠中，建造其第一座整體性配合生態學發展的城市 Arcosanti（圖 4.2.3.）。

植物的紋理、細胞的生長或磁鐵的力場等生態的系統，處處都會啓發設計者許多設計的意念；有助於我們對機能、造型乃至於都市交通系統等設計觀念的認識（圖 4.2.4 及 4.2.5）。

聞名國際的雪梨國家歌劇院的設計人阿特松（Utzon）在設計意念的開發中，曾多次的應用大自然所給與的啓發，用以完成他的構想。海浪隨着潮汐所產生的波動，促成阿特松音響薄殼的設計意念，將他的建築與海的生態緊緊的結合在一起（圖 4.2.6）。他所設計的窗扇，用來封閉這高飛的混凝土帆，就像美麗的少女，優美的懸着面紗（圖 4.2.7），他曾仔

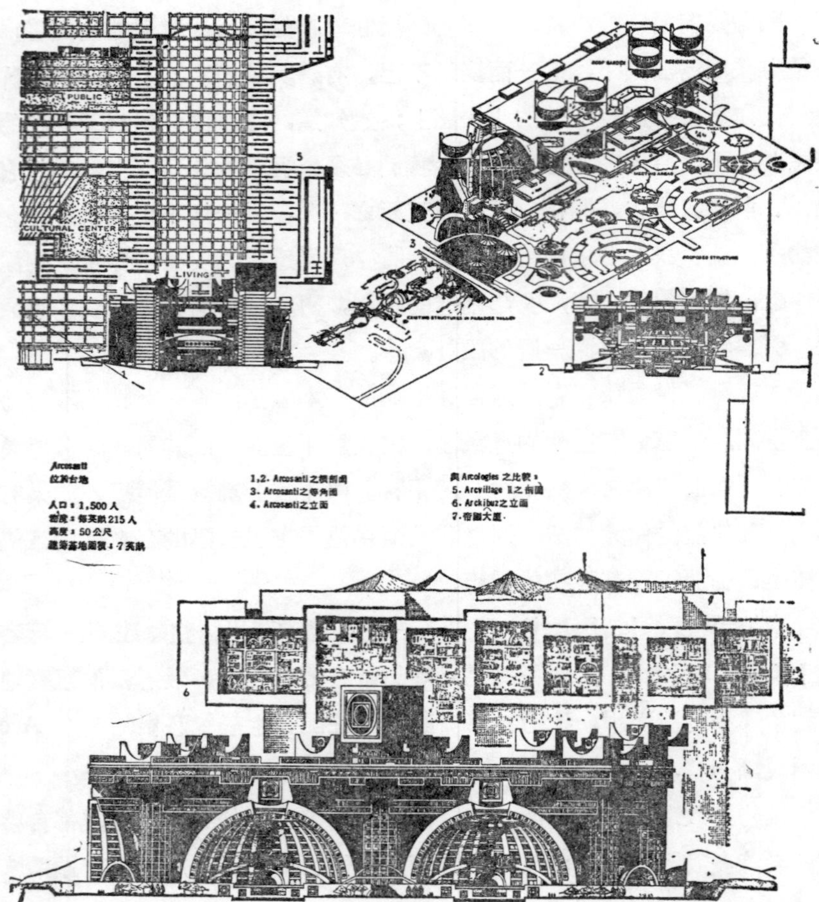

圖 4.2.3　索拉瑞之第三十個計劃案 Arcosanti。

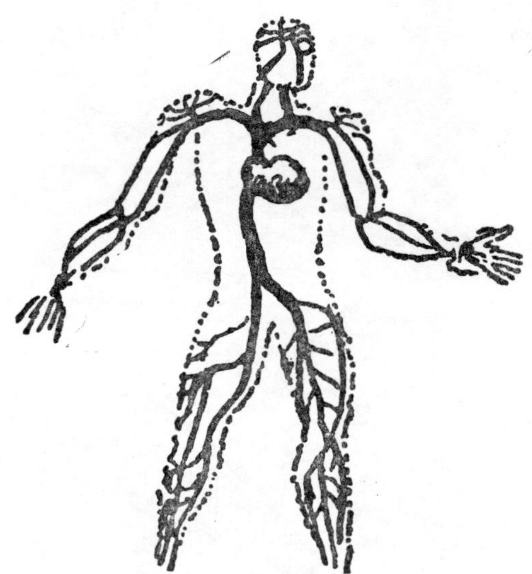

圖 4.2.4 生物的形像被戈必意用來分解建築上的問題，成爲各種因素的體系。

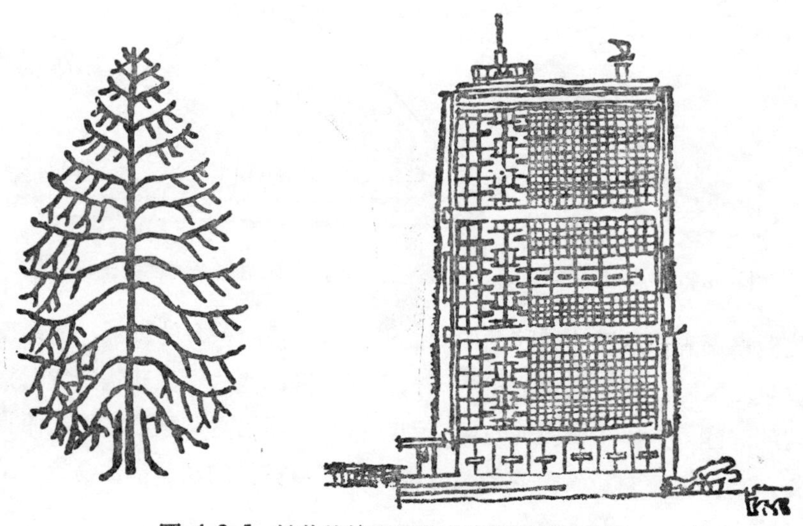

圖 4.2.5 植物的紋理啓發了建築造型的秩序。

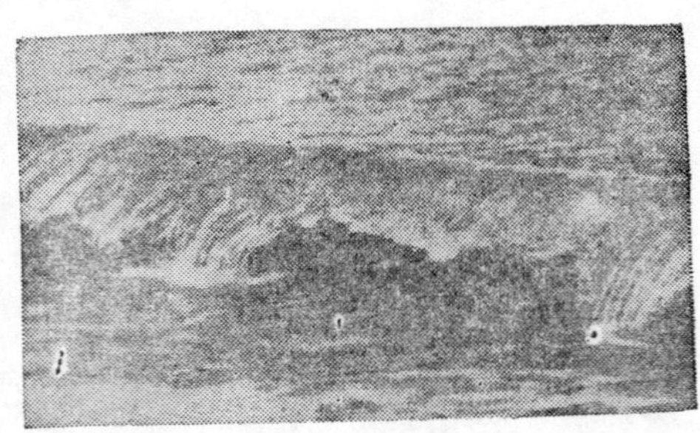

圖 4.2.6 海浪的波動，啓發了阿特松音響薄殼的意念。

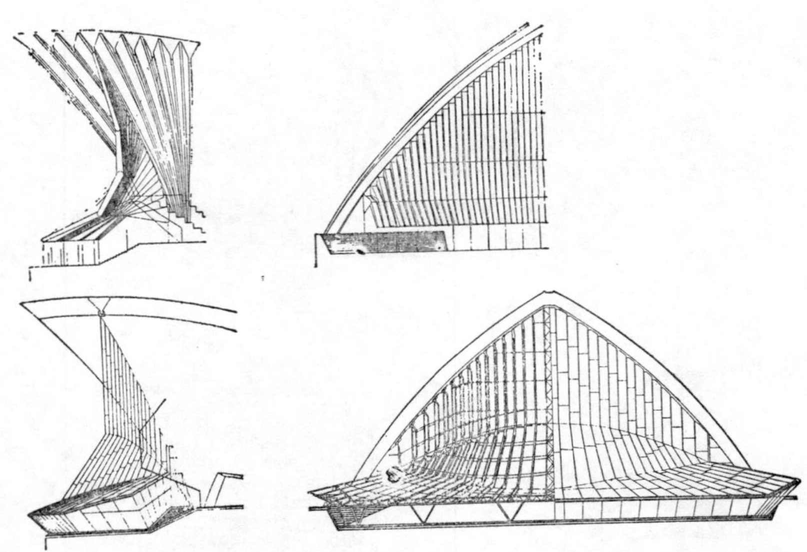

圖 4.2.7 歌劇院的窗扇，像美麗的面紗，封閉着高飛的混凝土帆。

細的觀察過鳥類飛展的翅膀，由此而獲得薄殼根肋接合的細部。當屋頂工程發生困難時，阿特松由柑子的切割得到啓發，他的兩個球體造成雪梨歌劇院的穹窿外形。這個幾何空間造型，藉着切開的兩個標準球體，而肯定了每一部份，使它能夠很容易被分析，也使得重覆的預鑄構件易於施工（圖 4.2.8 及 4.2.9）。

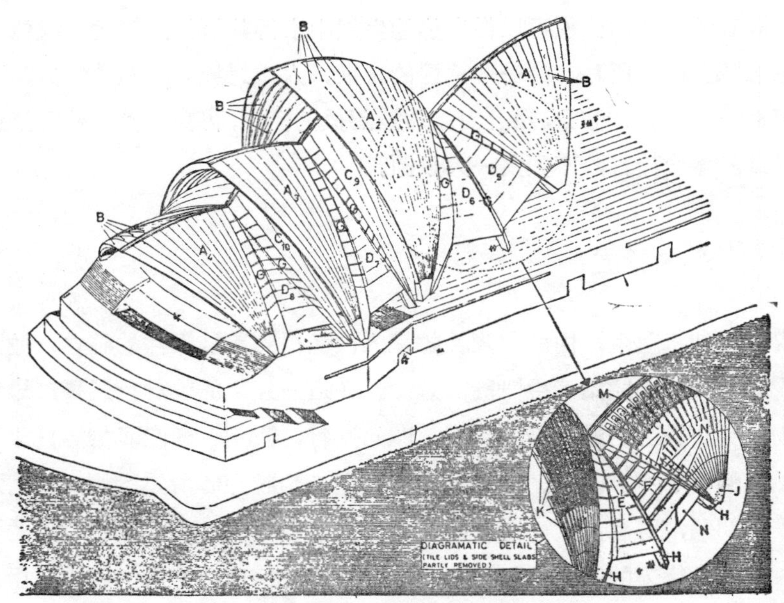

圖 4.2.8 歌劇院的穹窿外形及細部。

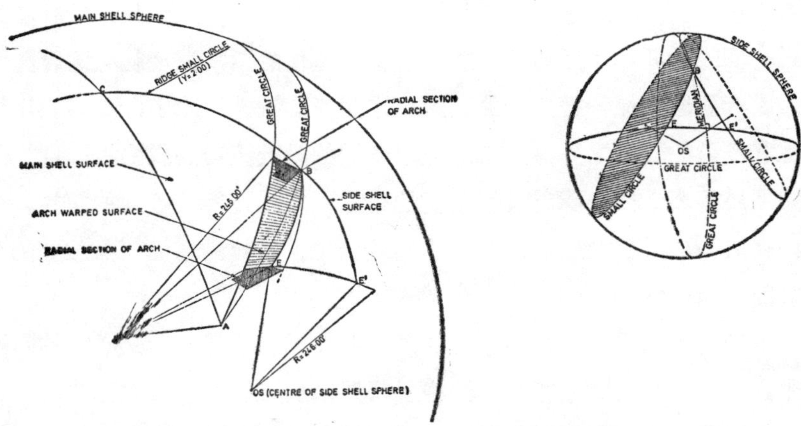

圖 4.2.9 幾何的標準球體，肯定了屋頂的造形。

設計的意念，往往可以從自然的生態中求得其類似的形式，這似乎就是意念開發中，所存有的一些感性的特徵。人類對於大自然的憧憬，乃是不可否認的事實。如果，設計者能加以認眞的發掘，再經理性系統的分析，對設計的意念而言，不失爲一大泉源。

4.3 意念的發展

在設計過程中，由給與條件的輸入，而得到設計條件的確立，並設定了設計程式，才開始產生設計的意念。在這一連串的設計行爲裏，思考的活動，早在設計的最初階段就已經開始進行，直到意念開發的階段才正式白熱化的「爭吵」開來。如果，設計問題不是設計者所熟悉的，或是過於龐雜的問題，那麼，就必定會牽涉到廣大的範疇。因此， 在時間的限制下，或本身能力的範圍內，往往不容易求得一個十分完美的解答。由於，大多數的建築規劃問題，大都過分的受到其他因素所限制，因而，也就不可能有一個完美的方案，能夠絕對的符合所有確立的設計準則。尤其是，含有互相對立的準則之下，更是難於兩全其美的解決。因此，設計者如果想對一個設計問題下定結論，並使解答具體化的話，那麼就必需將開發出來的設計意念再作一番意念的發展，才能達到目標。除了，必需使用相當多種和多量的資料之外，還必須應用多樣的設計技巧，設法把準則之間的衝突互爲折衷，使之降爲最低限度的對立，才能獲得最適當的解答。也就是: 在最少的妥協之下，求得解答的最佳化。如此，才能「勉強」的達成設計問題所需求的目標。

對於一個初學者,「採用過去的解答」在學習的過程中是必需的階段。在十九世紀中，所謂生態學或性格學都還未創立以前，自然科學的實驗還沒有採用觀察法之際，前鋒科學家們僅用古老的獵殺法 (assassination) 採集標本，並多聽取經驗者所說的有價值的習性述記，以便讓後生們從過去的經驗中學習之用。在建築設計裏，也許我們所要尋找的問題癥結，在過去已經同樣的發生過，並且，在這方面也可能已經有很多的資料或實例可供參考。因此，設計者可以從過去的資料裏，尋得解決問題的部份或全部的解答，甚至，也可能從這些解答中導出新的創意。這就是，爲什麼學習設計的學生經常被要求作「個案研究」(case study) 的道理。作「個案研究」的目的，雖然，主要的在「抄襲」別人過去所獲得的經驗與才智的結晶，綜合過去設計的舊有構想。但是，同時對於意念的過程也兼具着收斂的作用；利用過去的「標本」，可以告訴設計者，那些方向是不必再去嘗試，那些又可以引發可能的解答。

「抄襲」的根本意義，在於研究和解析，並可利用舊有的要素推出新的觀念；是經過消化與修改後的重新組合，並非刻意的模仿。任何知識都可以轉變爲設計意念的泉源，報章雜誌的一段話，可能激起一個設計觀念，一件藝術品，可能引發處理問題的手法。更何況，一件設計佳作，所給與設計者的，將可能是很多問題的解決方法。

在過去的解答中，有些是適用的，有些是不適用的，設計者必須事先詳加研判，選取適用的資料，將之組合而成部份的答案，再由多個部份答案綜合成爲一個整體的解答。並且，以設計者所開發的意念互爲修正，使其符合最佳解答而確定設計意念。但是，設計者必須認清，這種技法，雖然是較爲保守而又安全的意念發展途徑，但是，卻不可能對於完全創新的設計意念作太多的貢獻。

最初，設計者所開發的設計意念，可以說是一種極爲主觀的判斷。有時，一個設計意念的結果，很難於事先有充分的把握。尤其，在作一個大尺度的設計時，往往對它的結果無法事先知道，但是又不能不採取行動。雖然，設計者可以從其他因素先作一個假定，例如：人口的預測或經濟的成長等未來的趨勢，並且，可以未來的成長模型 (growth model) 來決定，現在應該採取什麼行動。但是，最保險的意念發展方法，將是採取一種較長時間的「進階式的設計過程」(incremental design process), 把最初所提出的設計意念，經過分析、評估和修正等反覆循環的試驗過程，以促成設計之雛形。雖然，這個設計的雛形，已經具有某種程度的最佳化答案，但是，它還必須準備接受「使用者」的實用考驗，而且，允許某種限度的調整與修改，以期眞正符合需求。顯然的，這種發展的方式，有時候是一種毫無止境的調整與修正，所以，必須有更多的設計時限，以及更多的設計資料的補充，才能達到預期的效果。

在都市及環境設計的大尺度裏，所謂「社會的系統」絕對無法以一次的歸納，就可以徹底而明確地加以限定，也無法固定於一個毫無變化的模式之中。在羣衆的集體生活之中，牽繫着各色各樣的問題；人們的集合離散，對整個社會的系統都會產生相當的影響力。由於，產生都市活動行爲的三種主要因素，乃是：人、物、車。因此，都市設計意念之開發，在於如何掌握這三者之間的相關問題，而完成都市環境的「量」的空間設計。而都市空間的成長，應該是能量（energy）與交通（communication）所組成的伸長網路，並且，由交通的向量（dimension）來決定都市空間的創造。因此，都市空間的設計意念，也可以由此而發展其設計解答，並以進階式的設計過程而進入具體化；隨着社會行爲模式與行爲價值的改變，作有限度的調整與修正，使環境適合人類行爲的新需要。這種長期的設計過程，在都市更新計劃（urban renewal program）和新市鎭計劃（new town program）中都極爲適用。

在敷地計劃中，外來的自然與物理因素，都可以直接或間接的影響計劃的內容。同時，機能與造型的關係，所造成的「實」與「空」的正負空間的安排，在設計意念的發展上，都必須作不斷的分析、評估與修正，才能獲得環境上充分的協調。

在現代建築的早期，機能與造型的關係乃是：「型隨機能而生」。然而，現在的設計者，似乎已不再迷信於大師的這套論語。事實上，在設計意念的發展中，已經很難肯定的說出機能與造型之間，到底那個應該隨着那個而生，或是應該同時並行的相互發展。

時常，爲了達到正負空間的妥善配置，設計者可以預定某種原始的幾何型實體，再經過進階式的分析與修改而發展其潛在的空間量，使之達到內外空間的眞正妥協，而確定設計意念的方向，求得敷地計劃中環境因素的眞正契合。

爲尋求幾何造型的適切性，設計者經常從過去所使用過的造型中去尋找。最常見的幾何型也就是最基本的幾何型，由簡單的方形、長方形乃至於三角形、圓形，都可以用來發展爲更複雜的多角形或曲線形等。而這些造型的變化，必須經過一段長時間的進階式的分析，以內部機能與外在環境因素爲目標，修改再修改，才能確立設計意念的發展方向（圖4.3.1)。有時，設計者所預定的幾何型，並未能如預料的闡明問題的結構，那麼，設計者就必須放棄原先所設定的型體，重新再尋找另一種幾何型來發展，一直到求得答案與目標的契合爲止。所以，設計者必須有更多的時間與資料，才能如願以償的完成發展。

這種進階式的意念發展的方法，不僅用於大尺度的都市及環境設計中，同時也可適用於一般的建築尺度上。

在一般的建築尺度上，我們可以確認，幾乎每一個居住的大衆，都有其獨特而異殊的需求。住的條件既然不盡相同，其生活的空間也就不應該完全一樣，否則，根本無法滿足個人生活的情趣和歸屬感。而事實上，住的條件的改變，其本質也十分複雜，也許是家族的成長，也許是生活水準的提高，其理由之多，因人、地、時而各有異變，設計者也不得而知，唯一可能的，就是憑靠預測而已。但是，要設計者在這原因與結果之間，設定一種因果關係的設計意念來適應其變化，那將是一件非常不妥當的方法。因此，唯一可行的辦法，唯有提高空間水準的「可適性」，作爲設計問題的最佳化解答，這種可適性的空間可以根據當時的需求作一種必要的

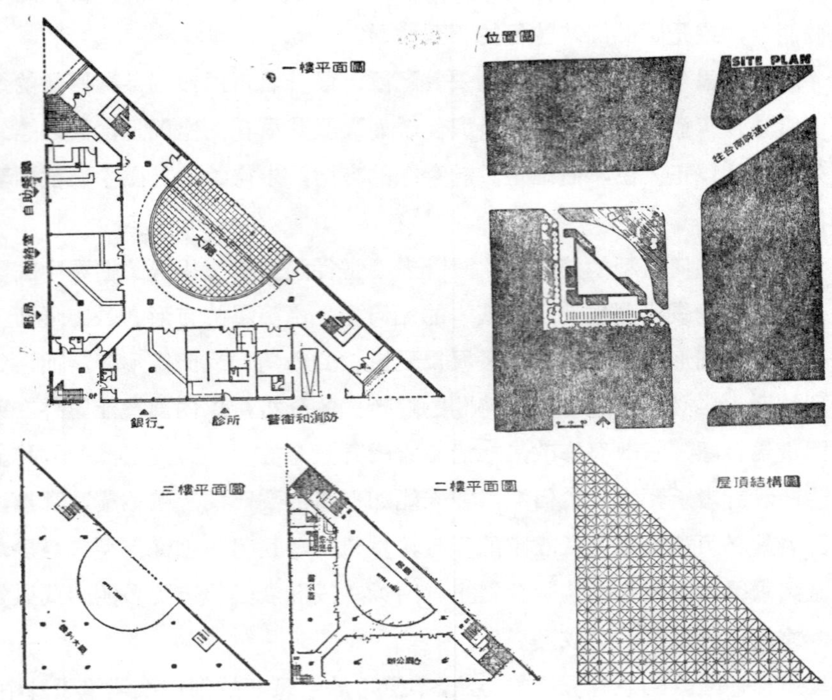

圖 4.3.1　最基本的幾何型也可以造就內外適切的機能。

界定，並且，以當時的技術或經濟條件，做有效的調整和修正，讓使用者能夠從「曖昧」中選擇其居住的環境。設計者應該盡其可能，對設計的問題做最少的預測與最大容許的可變度，將設計答案的決擇權歸給使用的大衆，在進階式的設計過程中確立設計意念的方向。

莫爾 (Ian Moore) 就很注意設計中的「使用者」，這是被一般設計者所認爲不存在的另一半——業主。因爲，不論設計者，如何準確的設定了設計目標，分析得再怎麼仔細，所得到的答案如何的完全，到底，這些也只不過是一種手段而已，被不被採用，能不能被採納，那又是另外一回事，而其決定權就必須完全操之於使用者。一個非常周全的設計程序，如果它的解答是與目標相抵觸的，或與業主所期望的背道而馳的話，那麼，一定很難被業主所採用，其所確立的設計意念，在方向上就產生了難題。

設計者想要把設計意念的分析，或自我評估的成果展現於使用者的面前，事實上，這必須是一件非常愼重的事；設計者必須在作得十分妥當之下才可提出。因爲，從設計者的意念發展過程中，一方面，必須證明設計者是個職業性的、可靠性的及合理性的診斷家，另一方面，必須讓使用者確實瞭解設計者是眞正在深思他們的問題，甚且希望用什麼途徑去解決他們的問題，也必須幫助使用者瞭解整個設計的意念，讓使用者與設計者打成一片，從設計者與使用者的相互作用中，來發展設計意念，確立設計意念的方向。

事實上，設計者與使用者之間，其觀念的溝通，並不是一件很容易的事。每當設計者與使用者在討論到設計問題時，總是需要經過一些明顯而痛苦的衝突。固然，這類討論的結果經常使得設計者受到太多因素的強烈限制和約束，但是，設計者卻不可因此而不承認這另一半的存在，而一廂情願的發展其設計意念。假如，業主無法從設計者的討論中，獲得第一個「適當」的解答，那麼，業主也許就會對設計者永遠失去信心。

所以，在發展設計意念之初，設計者必須先將設計條件中，所有的「缺陷」(defect) 和「不足」(lack) 作完全的修正和補充。在大而化之的情況下，確立設計問題的目標和內容，瞭解解答應有的型態；從設計問題的根本探討其「爲何」，從而尋求其「如何」下手。在這階段的設計過程中，不宜過份計較細節，否則，容易限制下一個步驟之適應程度，因而使整個設計過程變成無法進行。

設計條件設定之後，設計者應能及時建立其初步的解答，確立其設計準則，由此而導出其間之矛盾和衝突，發現更多的需求資料，使設計問題更爲接近明朗化。假如，初步的解答無法滿足其問題的需求時，那麼，問題的條件可能就必須及時重新修訂，否則，就無法導出眞正的解答。

由於設計者與業主的意見交換中，設計者可以藉此機會獲得初步解答的早期評估。從這裏，設計者可以瞭解到，早先所設定的設計目標的正確性及其實質上的可行性。有時，必須以回饋的方法，重新界定問題或考慮新的目標，並重新確立新的準則或收集新的資料，爲新的問題導出新的解決方案。這時候，設計者與業主之間的討論，經常可以發展出新的方法或允許預測一部份解答，以減輕問題的複雜性，使解答更能夠接近業主的需求。當解答被接納後，爲使發展方向的絕對正確，設計者還必須針對現有的資料，作若干的修正與協調，才能把握其本質要點，以產生可行之解答。

假使，設計者能有足夠的資料和更多的時限可以利用，那麼，傳統的試誤法也可以加上一個合理的評估技術，而很快的，根據設計者過去的經驗和直覺，發展出一個適切的設計意念。尤其，假使能夠利用電腦模擬來增加回饋的速度時，更能使這種技法減少重頭做起的痛苦，及試驗費時的困擾。

利用電腦參與設計意念的發展作業，最常被人們所懷疑的，莫過於電腦的創造性問題。事實上，電腦的處理程序是一種演繹性的過程，並不適合於作爲問題的歸納，而歸納性的思考方法，卻常在設計意念的發展中突然產生。因此，設計者與電腦之間的關係，應該將電腦視爲一種工具；其創造性的意義應着重於「電腦是設計者的助手」而已。在「人與機械的系統」(man-machine system) 裏，根據電腦演算結果的數值情報，可由「描繪法」(plotter) 作圖面的表現（圖 4.3.2），也可由「陰極射管」(cathode ray tube)作映像的表現（圖 4.3.3）。並且，這些表現方法都遠比人爲的「手描法」爲佳，也更具有優越的模擬作業能力。由它所提供的各種表現的資料，包括平面、立面、透視或日影曲線圖等，使人與電腦之間形成一種會話的形式；隨時可以把握問題之間的關連性，使設計者的意念充分的表現於畫面上。如此，電腦創造性的本質與設計者思考活動的網

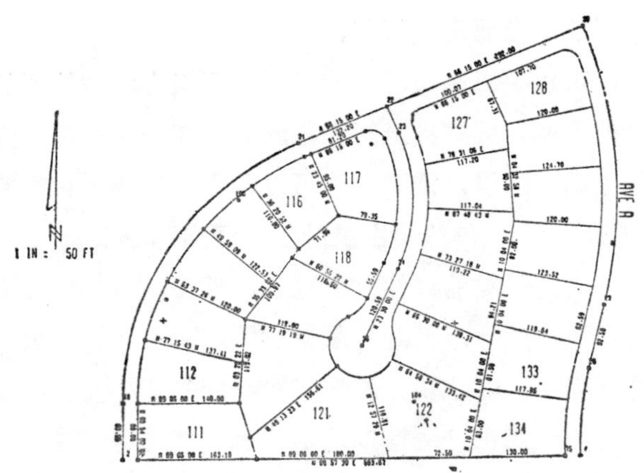

圖 4.3.2　由 1BM 1130 電腦所繪製的基地細部計劃圖。

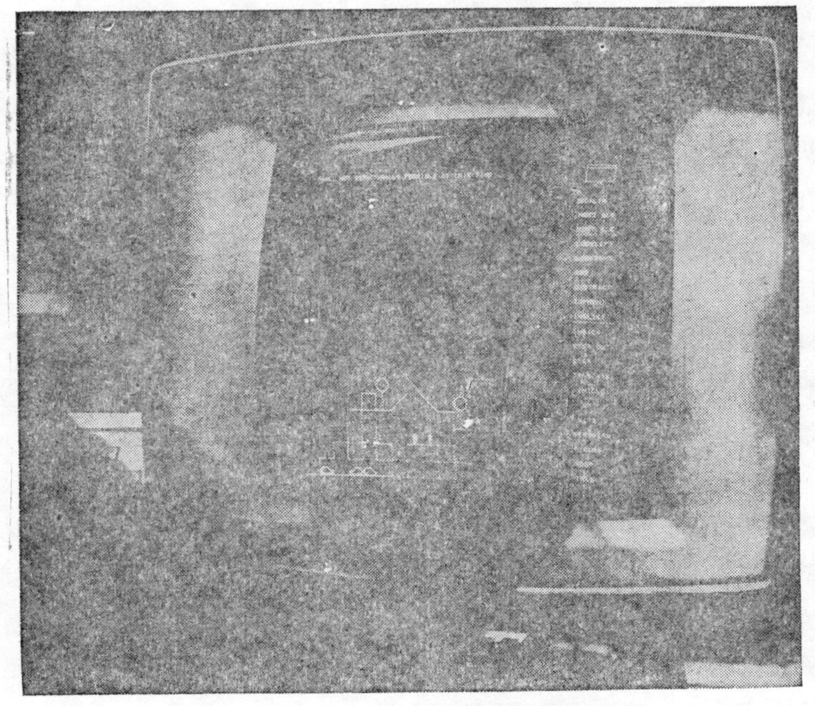

圖 4.3.3　由 1BM 2250 所顯現的電腦映像圖。

路，將成爲相同的頻道而毫不相左。

利用電腦，可以導出一組變數的多種排列組合；假使對於輸入的條件加以某種程度的限制，那麼，這組變數就可以在一定的範圍內運作，以達到某種要求的標準。所以，電腦雖然可以輸出多種合乎目標的不同答案，但是，這些排列組合，仍然要由設計者指認出那一個是可能的解答。如果，設計者不能夠把足夠的條件輸入電腦，那麼，電腦所導出的解答，可能就會很離奇古怪。因此，設計者最初所認定而輸入於電腦的有關條件，在電腦的運作過程中，應該被允許作某種程度的資料補充，才能夠指示電腦，發展其解答的最佳化。這種以電腦的輸出作爲解答的作業，必須再以多次的發現、選擇及探討其可行性，才能作爲解答的定案，否則，即然已經認定一個答案，很可能就會失去其他更好的答案。

目前，電腦程式的發展，已經可以用來尋求一個最佳情況的內部機能配置。根據設計者所作的「關係網」，將設計對象的相互關係加以記錄，並決定其間之關係度，以數字方式來表示其強弱程度，以便提供電腦的演繹作業。經過有系統的循環淘汰，即可導出一個最佳化相互關係的解答。這種方法與達爾文的進化論中「自然淘汰，適者生存」的定律相似，所以被稱爲「自然淘汰的設計」（design by natural selection）。雖然，在遇到複雜的設計問題時，很難發展出一個整體的設計意念，但是，對於最初的設計意念，可以作爲一種試探的技術。尤其，對於內部單元的相互關係上，這種方法將是一種值得一試的評估技術。

在系統化的設計方法裏，設計者也可以在意念的發展過程中，將設計問題分解爲若干個「次問題」，同時，確立各「次問題」之間的相互關係，由電腦作業完成若干個「次解答」，再將這些「次解答」綜合而成一個整體的解答。如是，設計者將可獲得更多的設計問題的資料，並可擴大解答關係的領域，使設計者更易於處理龐雜的設計問題，終而確立一個滿足目標的設計意念。

設計者必須熱衷於增加問題的要素，從問題的根本着手，追根究底地瞭解問題的本質特點；從設計對象的性能，條件和組合條件中，分解整個問題系統爲若干個次問題。設計者可以由實質的系統或面積來區分，也可以由活動或環境的需求來區分，或是由一般的標準和細部的標準來區分。將設計情況的要素及內容確立，再將相關的次問題成對或成羣的組合起來，依據它的重要性的高低作爲妥協的基準，促使相互間之關係一目瞭然，以尋求次問題之次解答，然後，再將所有之次解答合併成爲問題之總答案，這個解答就可以反映出問題的多重目的，更可以滿足問題的多重目標。

這種意念發展的方法與亞力山大（Alexander）的分解法頗爲相似，但亞氏的方法着重於分解問題爲若干成分（components），然後研究其間之相互關係，合併成組，依其各組所具有的幾何性質，以圖形來表示，而後綜合圖形成爲問題之所在。因此，由圖形的組合變化中，卽可求得問題的綜合答案。所以，亞氏的分解法重點也是在於綜合各成分而成一點，以求其最佳化之解答。

在設計意念的發展中，分解整個設計問題爲若干個次問題是件非常重要的工作，而這種工作所花費的時間可能很長。因爲，必需收集很多的資料和調查很多的事實，所以，發展範疇的大小與問題的繁易頗有關係。也因此，設計者在這一種發展過程中，必須對這些資料作一番的選擇和限制，使列入發展範疇中的資料有所取捨，才不致使問題更加複雜化。

在傳統的設計過程中，這種分解次問題的方法並不十分明確，也未受到重視。因此，思考的模式受到相當的限制，而未能有一嚴緊的分析途徑；對於辨別思考模式所引起的各種變化和結果，都無法依據一定的思考網路而進行。所以，對於設計問題的意念過程，只有增加其複雜性，而不能夠作理性的分析，更無法以回饋的方法去作答案的評估。因此，只能以傳統的試誤方法去作天才式的發展。

事實上，有許多設計問題，幾乎是以一種複雜而不可預見的方式，結合成一個結實的整體。這類的設計問題，不論大小都很難或不可能將它的行為（performance）予以分解。在這種情況下，傳統的辦法是把所有重要的決策責任，完全交給一個有經驗的設計者，由這位設計者運用其豐富的經驗，以及天才式的靈感，去解決所有重要的次問題，這種發展的過程，也就是所謂黑箱式的進行方式。

對於理性的分析過程，大部份的設計者都深切的明白它的優點。而實際上的困難，也是大部份的設計者所疑惑的問題，那就是，設計問題是否都可以很輕易的被分解成若干個次問題，然後各個都能依據一定的程序予以解決，或同時被解決。假如，一個設計問題可以被輕易的分解其行為的話，那麼，對於設計者而言將可以節省很多的設計時間。因為，一個問題被分解為若干個次問題之後，就可運用更多的專業知識，去解決各個的次問題，而達到小組設計的分工作業目標。固然，有的設計問題經常可以從某些重點上被分解開來，以適合更多的設計者一起工作。但是，如何去分解一個設計問題，在各種不同的機能之下，卻有很大的差別。

例如，當設計者想要分解一個住宅設計的問題時，可以從住宅所具有的各種富於獨立性的不同行為着手。這些行為可由家族的組合與成長、居住的方式、基地環境和物理環境，乃至工程費預算等等，構成全部住宅的機能系統，而確立其綜合的行為。

但是，換了一個設計問題來談，當設計者想要分解一個學校設計的問題時，卻必須從學校的教育目的與方法、教育課程和教育設施，乃至經營方式等，構成整個學校計劃的機能系統，而闡明其全部必需的行為。

所以，對於一個設計問題，設計者應該依據它的構成要素加以分解，並且按照它的某種特有的行為加以分類成「組」(group)，每一組中包含着若干個要素而形成一種新的機能。對於整個設計問題而言，每一個「組」就是一個次問題，這些次問題，乃是發展設計意念所必須重視的條件。有時，看來平凡的設計問題，經過這種分解為次問題的程序之後，經常會從新的角度上予以改觀，而獲得創造性的意念；爲了產生新的設計意念，就必須增加問題的要素，探索新的次問題，考慮次問題之間的關係，以尋求解答。

這種分類成組的作業，對於簡易的設計問題，可以依照相當明確的思考方式來研判。但是，對於愈是龐雜的設計問題，愈是無法以直覺或經驗所能判斷得了。有時，發現有些情報，不太明確或有不足的地方，設計者必須再追究其應有之要素，使內容更加完善。這些次問題的分類方式也並非絕對一成不變的，經常由於設計者不同的構想而有所區別。而且，分類的程序也不可能一次完成，有時必須先作大分類之後，才能再作細分類。或反過來，先作細分類之後，才能歸納爲大分類。其間或許包含着不同程度的分類，但是，設計者必須注意的是：每一種程度的分類中，必須具有某種進展的內容，更不可具有相同程度的系統要素，否則，就失去分解問題的眞正功用。

將設計問題分類之後，設計者必須依據它的各個不同的條件作成「行爲計劃書」(performance specification)，以此來尋求解答。由於，有時候某一部份的解答，能夠同時滿足數個次問題的需求，有時候對某些次問題，卻需要有數個以上的解答才能滿足。因此，如何將部份解答組合起來，便成爲一個重要的關鍵。這時候，設計者必須以直覺的意識，作有效的構想和表現；設計作品的優劣，在此投下了決定性的挑戰。

對於一個龐雜而重大的設計問題，爲尋求更爲妥當的答案，經常需要準備更多的解答，以回饋的方法，作條件的核對，先按各個次問題加以檢討，再以全部的解答作評估，以求得最佳化之解答，這才是意念發展的最佳途徑。

4.4 意念與資料

有些人主張: 把重要的事記在腦子裏，把平常的事寫在紙上。事實上大多數的勞心者，身邊都帶着一本小小的備忘簿，爲的是將一些平常需要深思的觀念、構想或需求寫在簿子裏，以便再研究、再思考。尤其，一些從腦子邊輕輕飄過的想法和看法，或尚未成熟的概念，它們很快也很容易會模糊不淸，那就更需要馬上將它記在紙上，無論是文字或圖形也好，都是極佳的辦法。經驗告訴我們: 將概念一一記在紙上，將能夠使觀念更淸楚也更具體化，更能夠剔除一些不切適用的概念。

對於一個設計者而言，將構想記載在紙上是一件非常必要的「習慣」。如果，一個設計者能夠以最簡明的文字或圖形，去闡述一個複雜的設計意念的話，那麼，必能增進其設計的能力。這是我們所必須確認的道理。至少，藉助於手腦並用的神經運動過程，就可以幫助設計者更徹底的瞭解業主的需求所在，也可以使業主明白設計者的思考過程，提供業主一個評估的機會，這對於設計者與業主雙方面都有很大的助益。甚而，對於設計小組之間，也能夠提供一個意念交換或討論批評的橋樑，給與設計意念的創造眞諦發揮了最大的作用。

一個龐雜的設計問題，必須被允許有足夠的設計時限，去搜集與歸納適用的設計資料。不幸的是: 大多的設計都在忽忙中草草結束。甚至，設計者本身也無法計算出到底需要多少時間，才足夠用來收集一套滿意的設計資料。因爲，設計者本身缺乏這類數據的根據，所以，經常提出一些不完整的資料，而作一種太過簡化的分析，去完成設計的決策。到頭來，設計者會說: 如果能再多給我一些時間該多好，我可以把設計作得更好。這些都是把設計作得更好之前，所遭遇到的各種難題之一，很可能因此而導致設計成果與設計目標完全相左，致使設計終歸失敗而不可收拾。

爲了防止這類失策的難題，設計者必須將一些具有潛在的有效情報，於平時按計劃去搜集、評估和選擇，並隨時依其特定的需求做成詳細的分類，而整理成爲有效的「圖說」(documentation)；必須配合設計意念的發展過程所產生的各類問題，建立一個方便的核查系統。只有這樣，才能夠使意念與圖說之間產生一種有機性的結合，讓設計者在最經濟的時限內，可以獲得最適切的資料，使整個設計過程的時限很有效率的被掌握住。

在設計意念的發展過程中，隨時都需要參考多種適當的設計資料，才能夠從更廣泛的角度來檢討設計意念的正確性，再從檢討中去修正或比較設計意念的最佳性，或可產生新的設計意念而繼續發展。所以，適切而充分的資料，在設計過程中扮演着一個非常重要的角色；它與設計成果的優劣度息息相關。如果，設計者未能獲得適當的資料，就像一個登山者沒有地圖一樣，對於一個不熟習的路線或複雜的行程，都將感到十分吃力，甚至，迷失於半途而永遠達不到目的地。

設計資料的來源，按照各個計劃案的性能而各不相同。大致而言，可分爲原始資料和二手資料。設計者必須瞭解：並不一定已經資料化的情報才能算是有效的資料。在原始的資料中，如文稿、版本或是本來的情報材料等都應該加以積極的利用；沒有原始資料的基礎研究的支持，設計終會流於鬆弛而不切實際。我們不能想像，基於不完整的原始資料的設計，能經得起什麼樣的考驗。尤其，所謂滿足紀念性精神的計劃案，對於設計背景十分重視者，其原始資料之研究更不能不多下功夫。但是，有了原始資料，設計者對這些資料的了解尙淺，因此必須着手於二手資料的研究，由原始資料經過整理而作成報告或評論。依據原始資料，經由觀察或實驗所作成的書册或論文，往往是一些最新的論點，雖然尙未完成爲一個體系，但是，卻具有很多啓發的利用價值。這些寶貴的知識或經驗，必須按需要情形，使之資料化而加以儲備。而其處理的方法，並無法以一定的理論來闡述，唯一的原則就是：針對使用目標，講求系統化整理。

大部份的設計者，以收集大量的資料來作為着手設計的開始。在這些收集的資料中，到底那些是適用的，那些又是不適用的？在未見分明之前，我們必須認定：無論任何一種的資料，都將有助於設計工作，而不適宜在整理前作評估。這種「情報的突破」(information explosion) 正如仲斯 (C. Jones) 所描述的，能夠彌補「先天條件」不足的設計者。

依各個計劃案的目標，所需要的資料及種類非常的廣泛。因此，凡設計者必須事先按計劃去收集各種資料，按一定的系統加以整理，以便應付隨時所碰到的疑難問題。並且，必須經常保持一系列的處理過程，使之配合整個設計過程，而設定其核對點 (check point)，如此，才能建立起合理而又有效的資料系統。

以設計行為的整個過程而言，設計資料可被分為三大類：其一為特定設計資料，其二為一般設計資料，其三為設計成果資料。

特定設計資料，包含着業主的需求及設計條件等資料，是與某種特定的計劃案的設計過程，或設計行為的發生有着直接的關係，並且，是以設計意念為前提的資料。例如：設計者與業主討論的記錄，或各種聽、談、讀、想的背景資料，以及與設計對象有關的地區特性、基地狀況及法規分析等。這些資料，都是為了作設計意念發展所必需的情報，也是為設定設計條件所必備的資料；有了這些資料，設計者也才能夠掌握住正確的意念方向。如果，設計者能夠按需要的情形，詳列成為「資料表」(information sheet)，使設計過程能夠依據表內的項目一一檢討，則不失為一種有效的資料處理辦法。

一般設計資料，是設計過程中，多次的循環作業所需要的各種資料。經由這些資料的查證與演算，可以確認設計意念的妥當性，可以檢討設計意念的可行性。例如：過去的設計實例、建築物單位容量及單位面積資料、空間計劃分配、技術規範說明、構造系統分析、材料性能及單價等。這些資料對於設計意念，提供了一般性的數據，使設計意念進入具體化的階段。

所謂設計成果資料，是設計過程中所發生的各種問題，經過加工整理之後，頗具利用價值的設計資料。這些資料包含着各個計劃案的作品圖樣、施工說明書、細部大樣、單價分析及數量計算書等。這些資料，使計劃案得以參考從前的設計成果而確定其可靠性。

特定設計資料與一般設計資料在容量、內容、儲備及使用的方法上，各具有不同的特性。

以特定設計資料而言，它與設計者當時所計劃的設計對象具有極其密切的關係；在設計過程中，隨時需與設計意念相互核對。所以，特定設計資料必須具有高度化的資料處理系統，使資料在設計過程中易於修正或追加。各個特定計劃案的存檔歸卷，是特定設計資料最佳的處理方法。檔案中，必須依照資料項目作不同的分類，以便隨時翻閱核對，或補充修正原有資料。

一般設計資料則具有很大的容量與內容，並且因地因時而有不同。在使用上，必須具有高頻率的利用效能，務必達到有問必有答的會話形式。所以，一般設計資料的儲備，需要隨時依據最新的情報加以補充，並將有關的同類資料整理爲「資料集成」，按照各個主要項目編排成册，以便檢索。

對於各個計劃案的設計成果所完成的圖樣、施工說明書或預算書等，整理成爲設計成果資料，而加以儲存，爲的是保存卽有的成果，以利將來遇到同一類的計劃案時作爲參考之用。卽使，在設計過程中所發生的問題，其處理過程的各種記錄文件或草案，或設計小組中各人所提出的試案及解答，也是一種非常有用的情報，都必須加以整理而成爲重要的成果資料。這些資料的存檔，在使用的頻率上也許並不太高，但是對於設計者而言，卻具有重大的意義。

既然，設計資料對於設計者而言，是如此重要的一種設計工具。那麼，爲了從多量的各種資料中，易於檢出所需的設計資料，就必須將有關的設計情報，按設計者實際應用的現有知識加以組織化；應用適當的分類法，將設計資料予以分類。

雖然，電腦的性能及利用的技術非常進步，大多數的工作，都可以藉助於電腦的運作而達到預期的效果。但是，要想情報系統達到實際應用的階段，必須解決的問題仍然很多。例如：設計者對情報資料的評價問題，除了分類之外，對於資料因子之間的相互關係的掌握，及判斷方法的確立等，都必須事先加以解決之後，才能將情報的優先順序予以序列化、分等化。如果，這些問題都未能解決的話，那麼，利用電腦處理資料的功能，也就僅僅止於情報的記憶，及資料的分類階段而已。比之人工的處理方法，也僅僅達成濃縮資料的豐富儲存，及快速查詢的目標而已，對電腦神童而言，似乎未能盡其全功，十分可惜。

過去，在建築的範疇內，都採用「國際十進分類法」，UDC (Universal Decimal Classification) 將資料依分枝的方法，由大項目逐漸細分爲小項目。由於「國際建築情報會議」CIB 等機構的努力，目前已開發出多種的分類法。近年來，被廣泛採用的 SFB 分類法是由「英國皇家建築師公會」所提出。其內容包括有：建築型態、室內空間、設備要素及外部裝修等。由機能、構造及材料等三方面的相互關係，將各「方面」(facet) 的狀況予以組合分類。由各主要項目可再細分，成爲一種緊密的核對表，包容了所有關於設計所必需核對的各種資料，在建築文獻的分類法中，成爲最受歡迎的一種。丹麥所採用的「協同與建築傳達規則」CBC(Coordinated & Building Communication)，是以 SFB 爲基礎所開發出來的分類法，它對各「方面」的狀況作了更嚴緊的補充，包括圖樣、說明書及預算書等，成爲建築產業中共同的一種傳達方法，並可利用於電腦的運作。另外，瑞典於「建築資料會議」BDC(Building Data Council)所開發的建築總目錄，包括建築各部的材料品質、施工法、工數計算及構成材的性能等問題，更可大規模的以電腦作爲這些一般設計資料的管理系統。

在特定設計資料上， MIT 和 IBM 所共同開發的「整體土木工程系統」ICES (Integrated Civil Engineering System)， 將設計資料以生活行爲、空間、架構等來分類， 並可根據座標將位置、大小、相互關係、分割、材料及其他資料變換爲電腦語言而記憶於電腦內。設計者可以根據這些設計資料，進行設計行爲、資料的變換及組合等作業，成爲發展設計意念中，人與機械之間的會話工具。

設計資料經過分類整理之後，爲了利於管理及應用，必須編製「索引」(index) 或稱之爲「目錄」(catalogue)， 才算完成意念資料化的情報管理系統。它標出可資利用的重要資料；表明那些資料在那裏可以找到，也間接的說明，別人已經爲了這個計劃案做了那些準備的工作。在索引目錄的編製方面，我們極需要圖書館人才的專業幫助，來做這些奠基的工作。

在設計事務所裏，特定設計資料的編製，通常是按各案存檔來整理。所以，按照執行業務的時間順序，除了標明業務名稱、內容之外，必須按順序先後予以業務編號。除非，因業務量或業務類別有特別明顯的傾向之外，通常很少使用特別的語彙 (key word) 加以分類。但是，有關圖書、雜誌等一般設計資料，則必須使用可作指引檢索的語彙，作爲資料索引；必須將收集的設計資料，以範疇內所使用的語彙，按照一般通用的類別加以分類，整理成爲語彙集，或稱之爲「辭庫」(thesaurus)，以之作爲整理目錄的有效方法。

資料的儲備，對於一個歷史悠久或存檔量太多的事務所，將是一件非常困擾的事情。如果，資料的使用頻率度較少，那麼，還可以儲備於檔案室內，如果，資料的使用頻率度相當高，那就必須儲放於設計者易於索取之處。所以，爲了利用上的方便，通常可將資料內容加以濃縮，按複印、縮影或摘要等方法，將其形式變換爲易於儲放及檢索的單張或卡片等。這時，在編製索引或目錄上，應該注意其關連性的標示，並需儘量避免混雜，以便能夠依循作深入的調閱之用。

第五章　設計成型

5.1　模型分析

人類早在幼兒的時期，就懂得靠想像力繪製自以爲是的圖畫，編織足以自娛的玩具或活動。這種本能的表達，妙趣橫生，使身臨其境的人，都會因此而感到愉快；旁觀的人更可能因此而開懷不已。從遊戲的表演中，我們更具體的了解到幼兒的小腦袋裏在想些什麼？他們爲什麼玩了又玩，從不厭煩？是否他們又有更好的想法，使他們試了又試？（圖5.1.1）

既然，設計者對設計遊戲的條件與技法都有了充分的瞭解，對設計問題又有了許多的意念，何不讓我們試着用各種不同的方法來試一試那個意念最可行？那個意念應該修正？其中，最有效的方法是先擬作一個「模型」(model)，用以探討意念的成果是否眞正管用。

在設計行爲中，模型的概念具有極其重要的意義。寫小說的人，必須事先塑造主角的性格；這主角的典型就成爲小說家的模型。畫家的模特兒也就是他的模型。同樣，設計者也必須以製作模型來實現他的意念。所以，模型是用來描述設計行爲的輪廓，促使設計問題經由合理的程序，而達到可接受的階段。因此，一個成功的模型，可以使設計問題建立一個富於啓發性的構架，並促使設計作品的成功度提高，同時，設計者也可以在模型的修改中，重複的作着某些設計問題的探討。

設計者可以藉助於模型的表達，促使設計問題的解析愈見分明。因爲，模型本身就是代表着設計問題的性格或樣本，所以，設計者對模型所作的

圖 5.1.1 砂盤是兒童發表想像力最好的場地。

某種程度的研判，也就可以使設計意念愈見具體化，促使設計意念逐步達到實現的結果。從設計意念經由某種試作的方法，而達到實現階段的整個過程中，設計者繪製了許多的草圖，整理了不少的表格或相關圖，甚而，以各種縮尺做了各種型體，也做了多次的試驗，加以合理的評估，再評估，以考驗設計意念的可行度。這些，都是設計行爲中所必須重視的「模型分析」(model analysis)；愈是龐雜或不熟習的設計問題，愈是需要以多次的模型分析來預測其可行度。

如果，設計者硬要把「模型」拿來分類的話，那麼，不只是我們平時所常做的立體表現才叫做「模型」；這只是表現一個型體的三度空間量而已。除外，表現於二度空間的圖面或四度空間的映像變化等，也都可以被用來具體的描述一個設計的過程，所以，也都可以被稱爲「設計模型」。另外，被用於抽象意味的模型，也有很多類型，從表達意念過程的思考模型、作爲文字報告的記述模型、表示形態關係的圖解模型或以圖形表示的描繪模型，乃至於作爲符號表示的數理模型等，都可以被稱之爲「設計模型」。這些，都是設計者用以促使意念步向更具體化設計的一種手段；只是，因設計者本身的偏好或意願，而有的模型常被應用，有的就不常被使用。

在理性設計方法裏，將設計問題分析後予以模型化是一種必要的手段。根據設計模型而對設計問題作更深的探討，可以引導設計者作更廣泛的瞭解，到底設計目標的某些條件是否已經被滿足。如果，設計意念實現之前，不再加以「模擬」(simulation) 的作業，那麼，就無法預知設計的滿意度到底有多少。所以，模擬作業的目的是一種求證的過程；在近乎實際的狀況之下，對某一類型的模擬試驗作適當的研判，用以探討設計的可靠性。例如：結構的風洞試驗、人造地震試驗和應拉力試驗，以及建築物模型的室內外空間之虛實尺度探討或日照、通風試驗等；凡是，設計者認爲無法充分掌握的設計解答，都必須想盡辦法，以模擬作業來評估其解答的妥當性。而其方法，不外乎以「類似物」(analogue) 的具像模型或「數目字」(digital) 的抽象模型來作模擬。

由於，二度空間的設計圖或透視圖，對三度或四度空間的「解釋感」不易掌握，極易造成曖昧或妥協的誤解狀態。所以，按圖面模型來進行模擬作業，除非是受過相當訓練的設計者，否則很不容易達到預期的效果。

以三度空間的立體模型來進行模擬作業，雖然，比之二度空間的圖面模型更容易理解，但是，由於縮小後的模型與實體的比例相差甚大，所以，也不能夠完全的顯現其解答的眞實性（圖 5.1.2）。當今，已經有很多設計者採用實體模型來作模擬，以期達到完全掌握的地步。例如：實品屋的風雨試驗及室內設計探討等。

圖 5.1.2 二度及三度空間之模型與實體的比較。

但是，實體模擬在時限、成本或其他因素上，仍然存着許多的問題，所以，除非必要，否則，很少以實體模擬來進行試驗。尤其，以都市設計而言，很不可能想像，以一個都市的實體模型來進行各種模擬作業。同時，這種試驗的回饋時限太長，也根本不允許設計者有失敗的機會。

如果，設計者能以試驗室的尺度，同時，以適當的模擬技術，對複雜的設計問題進行模擬作業，那麼，對未來的設計行爲的校驗，將會有很大的助益。因爲，在設計過程中，設計者必須針對着設計目標作多次的回饋作業，才能確定其意念的可行性；或可由於多次的模擬作業而發現更佳的辦法，以實現其設計意念。

在發展雪梨歌劇院的屋頂曲線系統時，工程師們利用一組拋物體與橢圓體的系列，應用電腦的運作，找出可解的幾何曲面。並且，作了兩個模型，其中一個，用來試驗作用於結構體本身的外力影響與應力變化，另外一個，用來試驗作用於結構體本身的風力影響。工程師們在模型上吊置了一千個重錘，以模擬不同的外力作用於屋頂結構體的狀況（圖 5.1.3）。由結構試驗模型所作的變形測量，工程師們發現歌劇院的屋頂，就像是一張張的彎曲卡片一樣，當其中一片屋頂殼架倒下之後，將搧起一陣大風，其他的殼架也將因此而陸續倒下。在風管試驗中，以電孔測量顯示：屋頂結構體本身，於抵抗每小時九十公尺的風力時就有一些彎曲。

圖 5.1.3　屋頂應力之模擬試驗。

由於模型試驗的結果，工程師們決定，將每一片屋頂殼架作成球面體，沿着面體有數支張開的混凝土肋骨，由臺基上的一點，作成扇狀向上升起，並且向裏彎曲而會合於殼架的弧形屋脊線上（圖 5.1.4 及 5.1.5）。這不但解決了屋頂殼架的結構問題，同時，由於扇狀肋骨的優美線條完全顯現於清水混凝土結構中，使音響問題也一併解決了。

設計者可以利用電腦模擬來增加回饋的速度，促使設計解答的探討迅速地完成，而其運作的過程，隨着設計者的思考、試驗以至最後定案，一直是以一種會話的方式進行着。只要設計者按下鍵鈕就可以輸入模擬所需的信號、資料或命令，在輸出系統裏就可以很快的繪製各種圖形，或利用

圖 5.1.4 屋頂殼架內之混凝土肋骨。

數位轉化器，也可將草圖以電位變換成圖形。

其中，被稱爲 ARK-II 的「建築動力學，人與機械」(Architectural Kinetics, man and machine) 是最進步而便利的電腦繪圖系統。它可直接用電子針筆在草圖板上寫畫，由草圖板上的電子電路，將筆法投影到繪圖系統裏，而由陰極映像幕顯現出各種圖面。它也可以從電腦預先儲存的記憶磁帶中，藉着程式或副程式輸入另一種圖面，或擦掉圖形。如果，把平面上各點的標高資料輸入電腦，那麼，就可以形成一種向量的電腦模型，

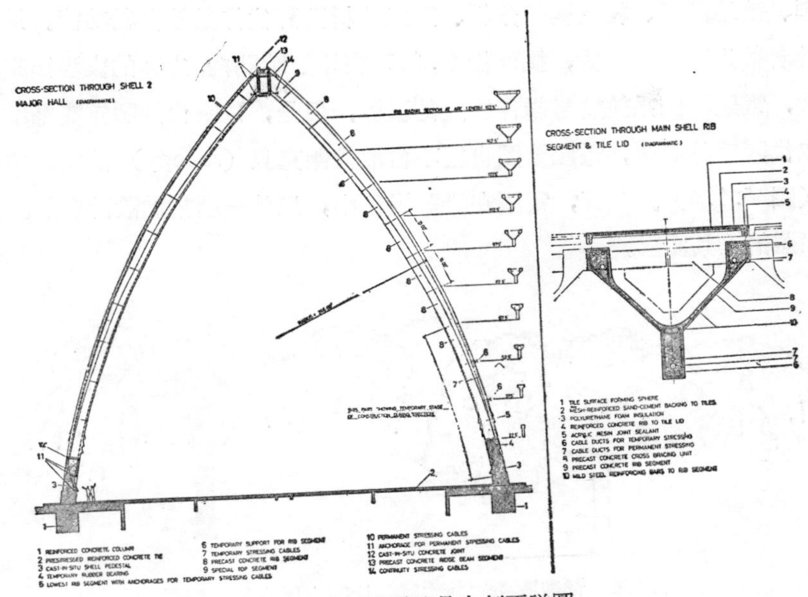

圖 5.1.5　屋頂肋骨之剖面詳圖

產生三度空間的圖形。更可輸入色調和陰影，使設計圖的各向立面或透視圖，以各形各色顯現出來，方便設計者隨時檢視。如果，把視點的位置作一連串的移動點，輸入電腦，那麼，將顯現一系列的透視圖，而成爲四度空間的映像。需要的話，完成的圖形還可以在高速印刷機或繪圖器上複製，有些複製的速度竟達每秒七十五公分，快到必須使用特製的快乾墨水才行。

由於，電腦繪圖系統的資料基礎是互通的，整個系統是相互作用的(interactive)，所以，整個模擬的作業過程，都能在最快的速度下確實的顯現出來。設計者可以藉助於電腦的優良性能而進行模型分析，在回饋的時限上，或問題的研討上都能獲得莫大的裨益；對設計解答能夠立即判斷是否滿意，及時掌握設計的妥當性。

目前，電腦模型除了繪製二度、三度及四度空間的圖形與映像之外，還發展出其他有關設計行爲的運作功能。包括：擬定建築計劃書、可行性研判、敷地計劃、相關網組分析、動線分析及評估作業等多種功能。只要設計者輸入需要的程式，操作指令，即可在極短時間內，忠實的表現出來。雖然，電腦繪圖系統將繼續作神速的發展，但是，電腦化的圍棋賽卻不可能取代國手林海峯，電腦繪圖也絕不會取代傑克貝（Jacopy）的精彩透視圖（圖 5.1.6）。到底，電腦在設計過程中，只是一種幫助設計者解決作業困難的工具而已。

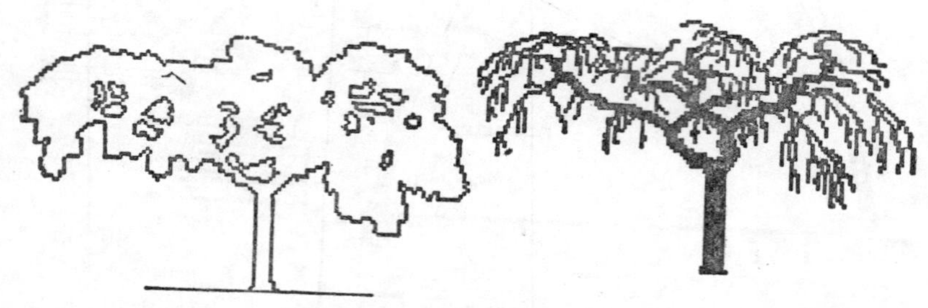

圖 5.1.6 電腦畫樹的功夫絕對比不上傑克貝的精彩

為了促使設計意念更趨於具體化，並使設計問題所需求的解答，更能進入最佳化的境界，設計者必須依據各種設計模型的模擬作業的成果，回輸於最初設定的設計條件，按其不同的需求，作最後的評估作業。若是有不適於設計條件之解答，就必須歸納錯誤，加以適當的修改，並且，以系統的觀念再作其他次解答的調整與評估，直到完全適合於設計條件的需求為止。

評估的工作，在設計行為的每一個段落中都有實施的必要。尤其，當設計者對某個設計問題的解答有所決擇的（alternative）時候，更需要將其決擇的答案，按「行為計劃書」的內容逐條的核對，以期滿足設計條件所要求的各項機能。然而，模擬作業的結果，只能作為加強其決擇的可靠性而已，其間不免存有某種允許的誤差。因此，設計者的經驗及研判，在評估的工作中也佔有極其重要的地位。甚至，還可以由其他方面的專家參與評估的工作，以發掘更多未曾考慮到的條件或發現更妙的解決方案。雖然，以局外人的身份來參與評估的專家，他應該以自由的心情和清醒的頭腦發表個人的看法與建議。但是，這些專家還必須對設計目標有所了解，討論問題才不會太離譜。對設計者而言，雖然，這些專家可以盡所欲言，但是，設計者卻不可，也不必立刻加以反駁。就如同「腦力激盪法」一樣，設計者必須經由綜合歸納之後，才可以肯定其意見是否適於被採納。這種評估的目的，一方面可解開設計者鑽牛角尖的苦惱，另一方面可從更廣的角度來辨別決擇及觀念的良莠，以期確立最適當的解答。

依據模型分析的結果及評估後的決擇答案，設計者必須於獲得滿意的結論之後，將適合於設計目標的設計條件重新加以整理，以確定設計行爲的計劃階段。並按設計意念的發生及尋求解答的過程作成設計說明，以明示設計行爲的分析階段，其中，必須包括有關的圖表及發展過程；將整個設計分析的進行途徑，作一種合理程序的記錄說明。於是，這份清楚的「設計說明書」或稱爲「設計綱要」將作爲發展設計的藍本。

到此，設計者在整個設計過程中，總算把設計問題作了一番徹底的認識，也準備了一套萬全的辦法，用以解決這些設計問題。接下來的工作，將是如何把這些辦法付之實施，以期符合設計者所解析的「設計綱要」，並且，滿足設計目標所應有的設計條件。設計者將在最少的妥協之下，積極的採取行動，才能完成「設計綱要」所給與的指令。

5.2 確定原型

確定設計對象的「原型」(prototype) 是設計過程中最主要的作業。套一句建築人的話：在這一階段裏，設計者必須歸納設計對象的所有機能問題，而且，以某種型態作一次徹底的解說；也就是，必須完成一套十分滿意的「正草圖」。

「原型」的展示，表現了設計問題的本質。在理性的範疇裏，「本質」的徹底顯現也就是創作行爲的最高目標。設計者在先前的設計過程中，無論作過多少次錯綜複雜的解析，都將在這次「原型」的展示中，被一語而道破。這種設計的解脫，涵蓋了設計問題的機能滿足，也提供了設計解答的可行性。

正如老子所說:「道可道，非常道。名可名，非常名。無名，天地之始。有名，萬物之母。」韓非對這句話有很好的註解: 凡理者，方、圓、短、長、麤、靡、堅、脆之分也。故理定而後物可得道也。設計者既然以理性的方法去分析設計問題，也就可以尋得設計問題的「非常道」。同時，由道生一，一生二，二生三，三生萬物，有萬物而後有名。設計者既已尋得設計問題之「非常道」，就可由空間及時間因素之不同，以確定設計問題之「非常名」。在此，「名」就是「道」的代表，「道」就是「名」的本質。因此，設計者也可以就「設計綱要」之「非常道」而確定「原型」之「非常名」；以「原型」的展現來說明「設計綱要」的本質。

以設計競賽的方式來取得設計原型是有效的方法之一。對於設計者而言，一次重要的設計競賽，就等於藉助於設計原型，而顯現他對某一設計環境的表白；有如一篇嚴正的人權宣言，對整個生活環境將產生極其深遠的衝擊作用與啓示影響。每一次具有代表性的設計競賽，都提供一種機會，讓參與的設計者積極的探索一個具有啓發性的設計原型，以供分析與評估。

但是，設計競賽常因時限的短促，以及其他不合理的限制，如政策、環境及成本等因素，迫使設計者無法尋得最佳化的解答。而且，委託人的參與和回饋之功能也幾乎等於零，因此，使得設計者無法以一種循環評估的方式求取更佳的設計原型。所以，設計原型的確定，經常在設計競賽定案之後，還必須重新界定，甚而重新發展原型，致使設計競賽的效能盡失無遺。

設計競賽，也經常在設計情況的快速轉變，或設計條件的變革之下，迫使確定的設計原型變得不得適用。因此，設計競賽的方法，並不適合於這種快速變遷的設計環境。否則，一經確定的設計原型，將在很短的時間內，被另一個更適當的設計原型所取代，因而失去以設計競賽來求取最佳設計原型的意義。

當今，機能問題的要求愈趨龐雜，設計理論及營建技術也愈趨分歧。因此，以設計競賽獲取原型的方法勢必加以愼重處理，否則，不但不能解決所有設計問題，反而留下後遺症，增加設計及營建上的諸多困擾。

以雪梨國家歌劇院爲例，在國際知名的設計競賽下，其後遺症從一開始就成爲建築界的一大話柄。爲了取消大音樂廳的樓上平臺座席，其席位由三千五百席減爲三千席，小劇院則只限於一千二百席。這些與原始設計內容不盡相同的設計變更，使得建築師阿特松(Utzon)遭到各方的指責，說他是個缺乏計劃的人。後來，又因爲音響效果的關係，大音樂廳的席位再減爲二千八百席。另外，屋頂系統的結構設計，爲了施工的可行性，由原始設計草圖的突出升起，而覆蓋着觀衆席的緩和曲線，變更設計爲完全規則的圓球體系統，而作拱狀的升起，這意味着歌劇院外型的根本改變。又由於兩個劇院並排座落的處理手法，致使缺乏舞臺兩翼的後臺空間，而迫使舞臺設計，以垂直操作的系統來解決原始設計草圖的欠缺問題。乃至於預算的一再追加等。諸如此類的問題，都是這次設計競賽所帶來的後遺症，也是以設計競賽的方式來獲取設計原型時，必須預先加以防患的困擾問題。

爲了能夠確實地從設計競賽中獲取適切的設計原型，在設計競賽的方法及評審上，應該依據其設計類別及計劃規模加以愼重的考慮。因爲，所有獲得的設計原型的好壞，將依據設計競賽計劃書的合理與否，及參加競賽的設計者的水準而定。如果，在事先能夠敦請專家們，將有關設計競賽的內容及其他重要事項，訂出一套極爲完善的設計競賽計劃書，詳細的分項說明環境的需求，而以這些需求目標作爲評估競賽的標準。並且，聘請各有關專家學者作爲顧問，例如：社會學家、生態學家及交通問題專家等，負責列席並對設計問題提供正確的解說，使設計原型的評審有所依據，那麼，所獲取的設計原型，才能眞正具有其代表性的權威。同時，應該事先公佈評審者之名單及其背景，並對競賽主題的看法及評審重點或態度作公開的聲明。於決選之後，對於設計競賽的結果及評審意見，評審者也應能作中肯的評語。如此，才能使參加競賽的設計者心悅誠服，並且再一次的認淸，最佳的設計原型的確已經解決了更多的設計問題。這也正是以設計競賽爲獲取設計原型的眞正意義。

對於計劃規模較爲龐雜的設計競賽，應該以分段評審的方式較爲合理。前段的評審應以「確立程式計劃」爲前提，其目的，在於瞭解參加競賽者對於設計需求的認識及設計問題的提出，再者，擬以何種設計程序來尋求最佳之設計答案，這都是本階段所應提出的計劃。評審者可以從中選取較爲適切的程式計劃者，再予發展爲設計原型，以完成後段的競賽評審（圖 5.2.1）。

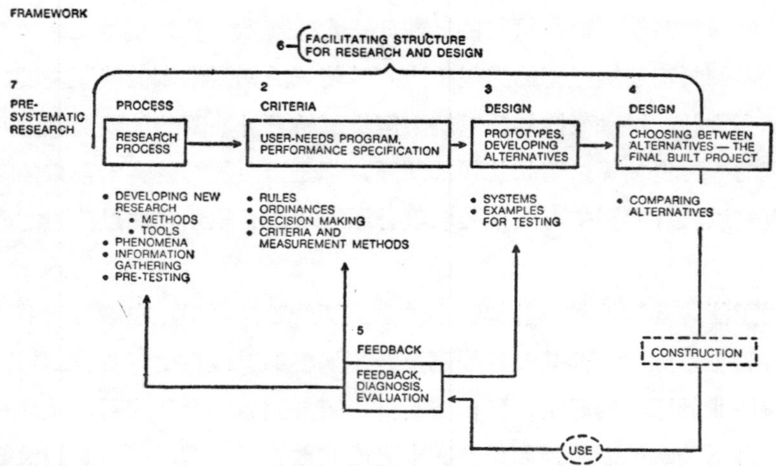

圖 5.2.1 John Eberhard 和 John Zeisel 爲P/A 設計獎所確立的程式計劃內容

事實上，以設計競賽來求取設計原型的最大問題是：沒有一種非常合乎理性的方法或技巧，以供評審者用來評估計劃書與原型之間的關係。雖然，設計者通常能以圖說及模型來解說其設計的因果關係，但是，這種展示的方式對於評審的方法上，也僅能提供一種表面的選擇。爲了能夠眞正的達成設計競賽的目標，我們應該將這種因果關係改變成另一種更爲明確的形態；讓評審者可以更清楚的從這種形態的比較中，作一種更合理性的判斷。

從設計綱要轉化爲設計原型的階段，是一般設計者認爲最大困擾的一個過程。因爲，這種由原則導入執行的眞正意義，並非尋找一種曾經被利用過的案例予以套牢，而是，必須設法擴大思考的範疇，向系統轉變的方向作深入的考慮，以期產生設計的新方向而創造新的原型。所以，設計者在轉化的過程中，除了必須掌握整個問題系統之外，還必須將問題的次系統予以確認，才能夠從根本的深處發掘出設計的眞正原型。假如，設計者無法從問題系統中發掘出主要的根源，那麼，創新的設計原型將無法產生。這時候，設計者也就必須深深的加以檢討和追查其前階段的那麼多解析及綜合的作業是否被白白的浪費了。

設計原型，經常由於設計環境的不同因素而產生各種不同的問題。況且，人類對設計形態的變動，也經常是喜新厭舊的善變心理；對於新的設計形態，只能保持一段時期的愛好，經過一段時間之後，就醞釀着另一種形態的出現，此起彼伏，永無休止。因此，設計者很難下定一個設計原型的標準答案。我們只能說：人類的適應性是相當大的，任何一種的設計原型都可構成人類生活的某種環境，而其間的差異，就在於設計原型是否含有足夠的「機能責任」而定；愈是富於機能責任的設計原型，愈能達成設計環境所要求的目標，否則，將因爲缺乏充分的機能責任，而很快的被他種原型所取代。

新興的非洲城鎭，其傳統的價值已被完全破壞，而被所謂現代的價值觀所取代。這種現代化的城鎮計劃所帶來的殖民地象徵，與傳統的非洲式生活毫不相稱（圖 5.2.2）。雖然，現在的非洲人，已經承認傳統的原型

圖 5.2.2 非洲傳統式部落與現代殖民地式建築，毫不相稱的同處於一個環境之中

不再是一種很好的體系，但是，他們也痛苦的發覺到，殖民地的價值體系也不適合於他們。所以，他們若想提高非洲本身的環境度，就必須再次全面的改革，發展出一種眞正屬於非洲區域性的原型，以符合非洲人所眞正需要的機能責任。如是，區域性的環境因素，也直接影響設計原型的不同形態；在不同區域內的同一設計原型，將因不同的價值觀而產生不同的合理度。

本省的路線商業帶與騎樓的設置，在都市形態的構成中是一個有趣的設計原型(圖 5.2.3)。雖然，由於社會行爲的改變及經濟活動的沿革，已

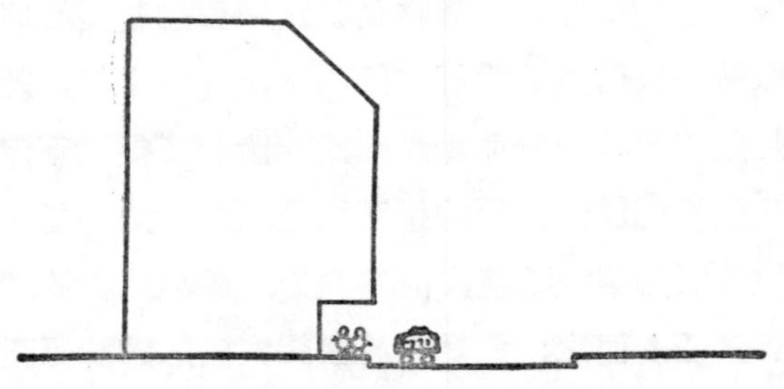

圖 5.2.3 本省騎樓的設計原型

經使人們逐漸淡忘其重要性。但是，在生活模式及經濟形態未能達到某一種更高層次的水準之前，這種有趣的設計原型還是具有足夠份量的機能責

任。站在都市環境的立場，設計者應該設法提高它的機能責任，以期滿足現代人的生活模式及帶動當今的經濟活動，而不應該被這種原型所套牢，以致束手無策。我們可以預料得到，在最近的未來，由於商業行爲的急速改變與汽車時代的來臨，這種設置騎樓的設計原型將遭到是否繼續存在的實質考驗。

先有「道」而後生「名」；建築哲學的設計理論也直接導出了各代不同的設計原型。從萊特 (Frank Lloyd Wright)、戈必意 (Le Corbusier)、格羅皮亞斯 (Walter Gropius) 及密斯 (Mies Van Der Rohe) 等第一代

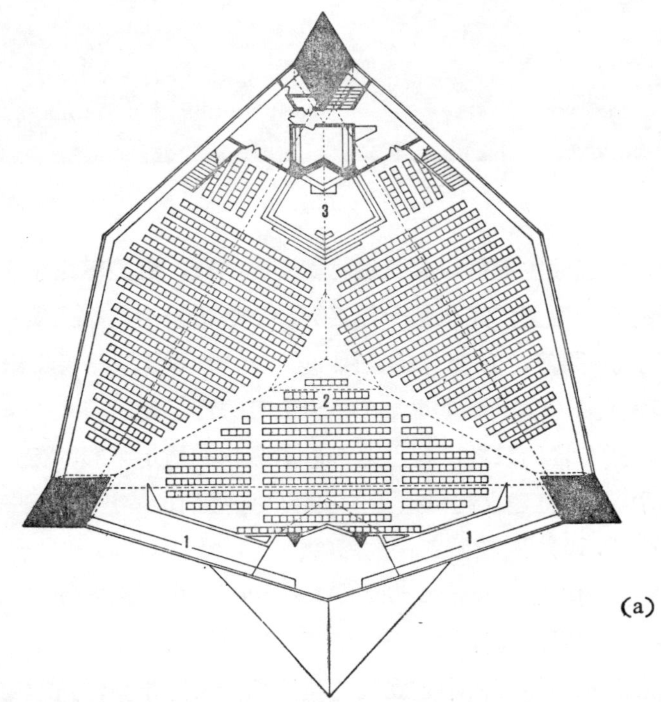

圖 5.2.4　1959 年萊特於賓州艾京斯公園 (Elkins Park)所設計的 Synagogue Beth Shalow 教會，充滿有機的神秘和幾何式的理性感受　(a)平面圖、(b)透視圖

(b)

的大師中，從理性主義的信念及環境秩序的本質，直接導出了有機觀念與幾何數學的設計原型；完全是一種富於神秘與浪漫的英雄式展示(圖5.2.4 至 5.2.7)。雖然，第二代的奧圖 (Alvar Aalto)、路易士康 (Louis Kahn)、菲利浦 (Philip Johnson) 和東方的丹下健三等人也承受了第一代的影響，對各自的設計原型也追尋着象徵性的展示主義，但是，他們在自我展示中，卻也建立起對生活的複雜與矛盾所能容忍的成熟原型 (圖 5.2.8 至 5.2.10)。在第三代的阿特松 (Jorn Utzon)、沙代 (Moshe Safdie) 及亞力山大 (Christopher Alexander) 等人所確立的現代建築，把自然界的原始雛形當作秩序上的根源，從有機化的系統裏獲取靈感，從資料、意念及綜合的評估中建立其整體性的的設計原型；這種對環境秩序本質的探討及民主自由的討論，構成第三代設計原型的特性，是統一的原型，也是富於可適性的原型 (圖 5.2.11 至 5.2.13)。

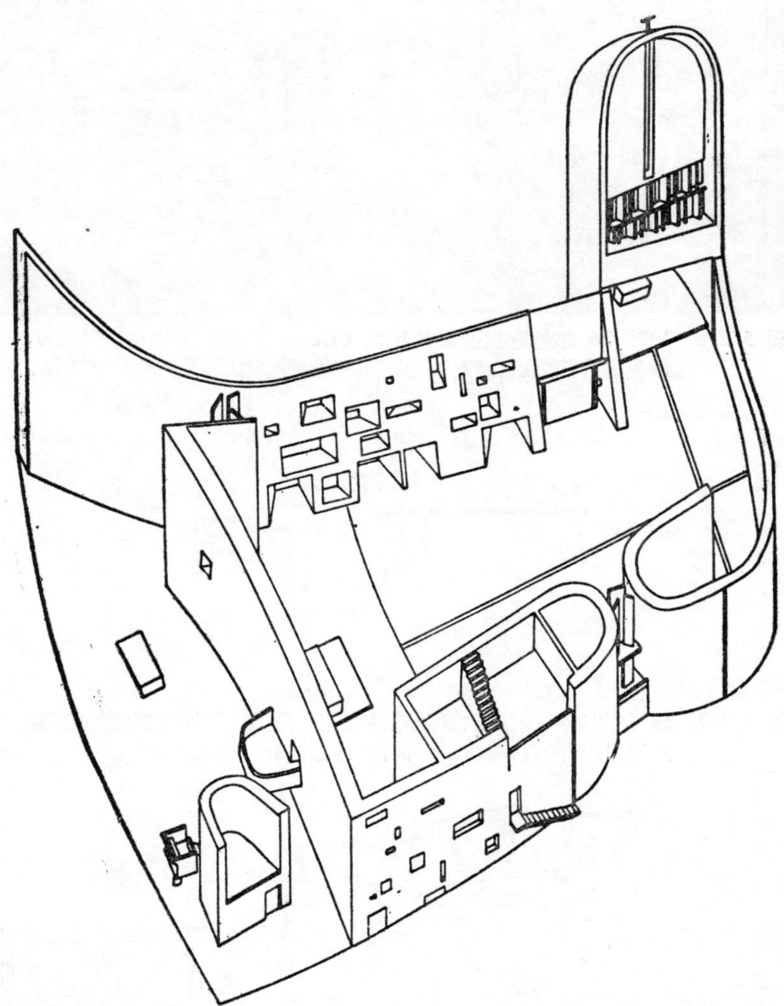

圖 5.2.5　1950-53 年戈必意於廊香（Ronchamp）所設計的 Notre-Dame-du-Haut 教堂，頗具量感的造型與神秘的開孔，曾風靡一時，使現代建築產生巨大的振撼。

圖 5.2.6 1925-26 年格羅皮亞斯於狄索（Dessau）所設計的包浩斯大厦，作多種方體之組合變化，由長條的廊橋連結而圍成中庭的空間。

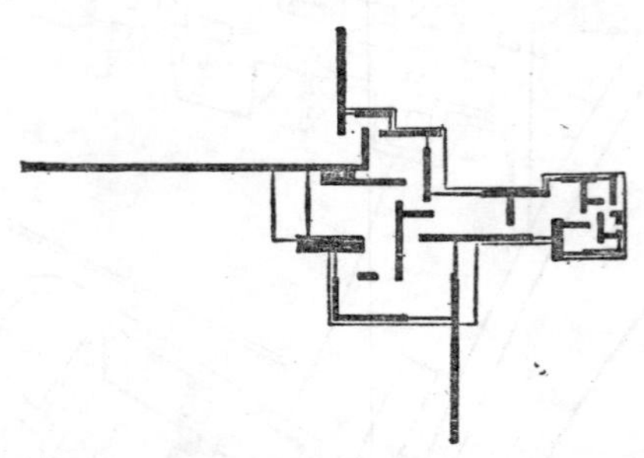

圖 5.2.7 1923年密斯所設計的紅磚鄉村住宅，簡潔的隔墻所形成的空間，由伸出戶外的矮墻帶領，使內外空間打成一片。

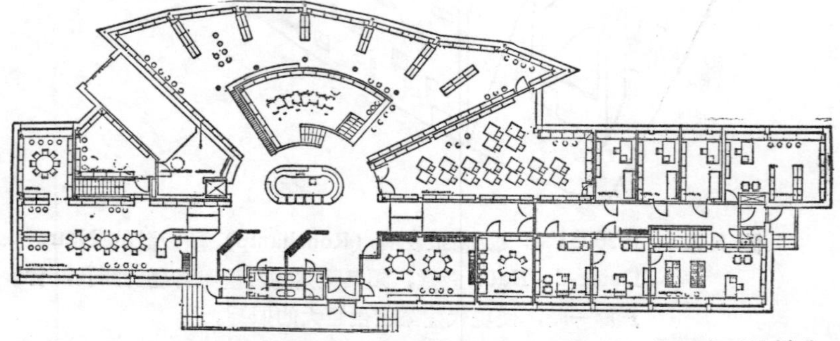

圖 5.2.8 1963-65 年奧圖於 Seinajoki 所設計的圖書館，北面方形的辦公空間與南面變形的閱覽空間組合成一種自我展示的設計原型。

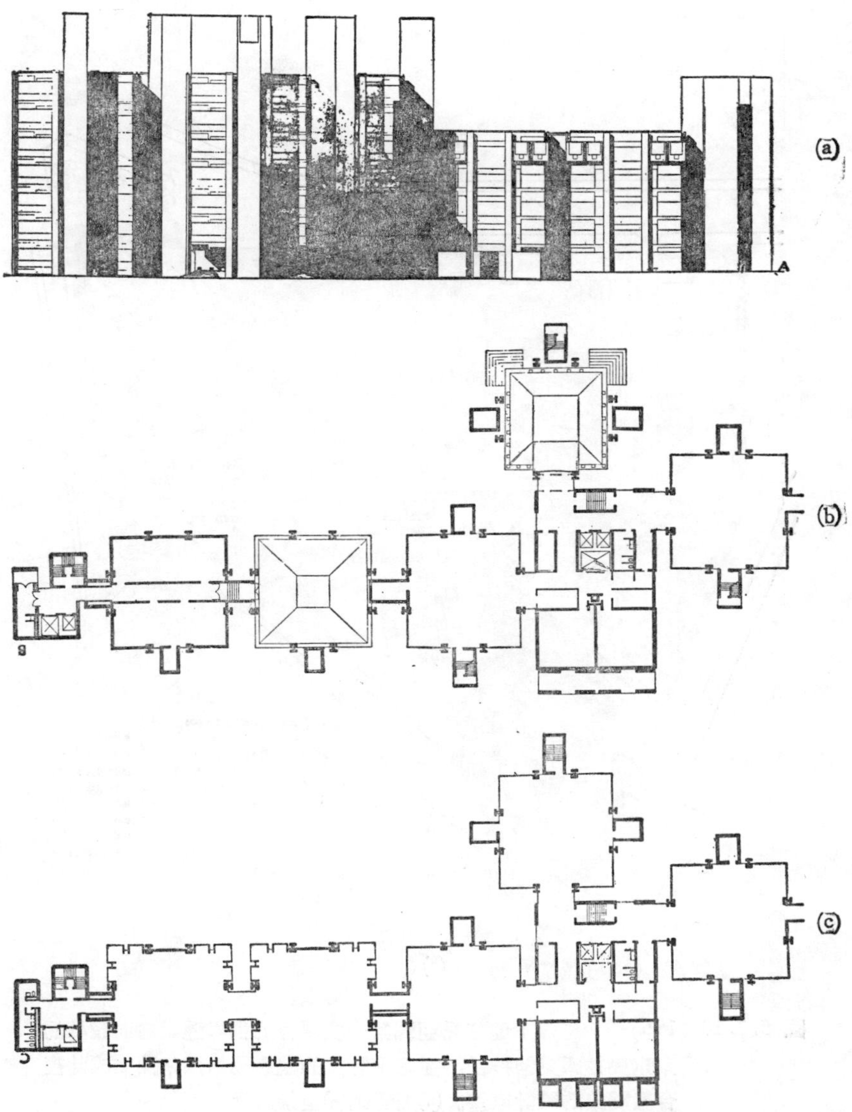

圖 5.2.9 1957-61 年路易士康在賓州大學裏所設計的理查醫學研究大厦，依空間的不同機能特性作自我展示的組合變化。(a)北向立面，(b)一層平面，(c)第五層平面。

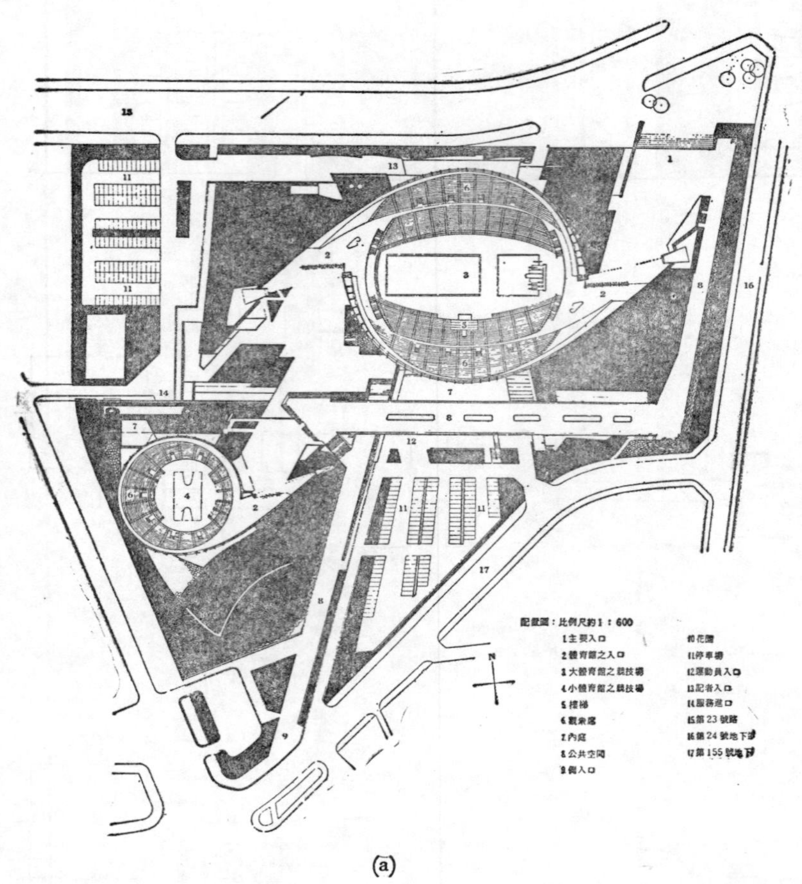

(a)

圖 5.2.10　1963-64 年丹下健三爲亞洲第一次舉行的世界運動會而設計的東京奧林匹克競技館，從都市計劃的觀念開始探索而完成此複合整體美的設計原型。(a)配置圖(b)全景鳥瞰

(b)

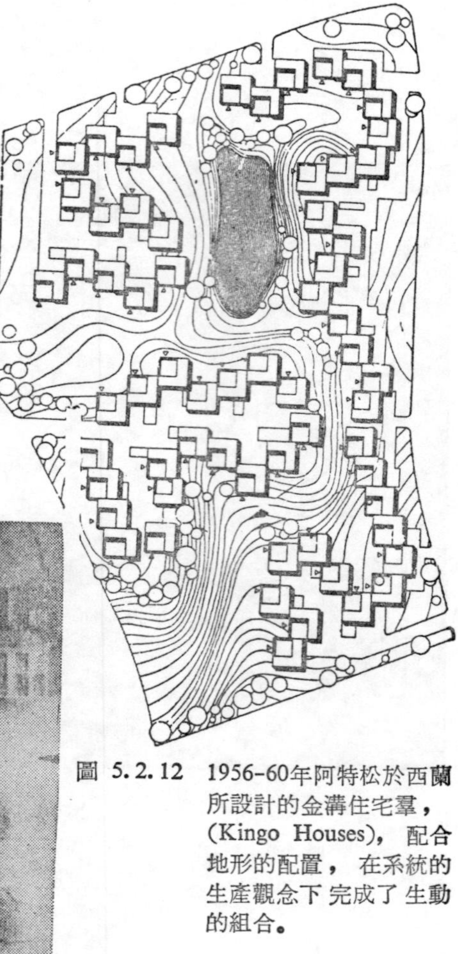

圖 5.2.11 1966年阿特松所設計的華倫市鎮中心（Farum Town Center)，將理性的幾何性與神秘的有機性相互交替於第三代的建築裏。

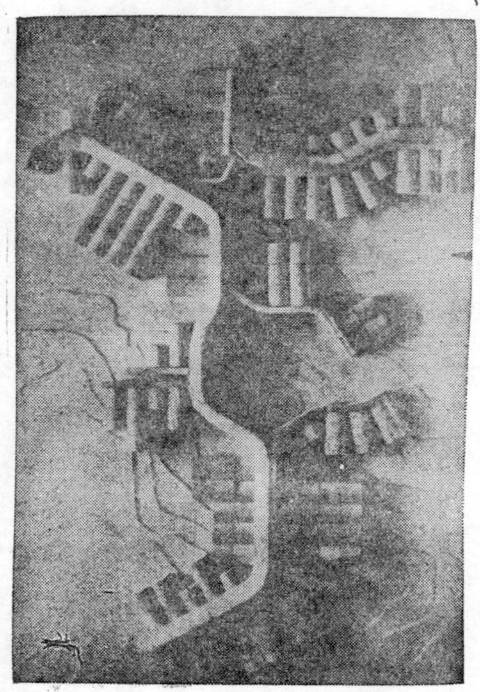

圖 5.2.12 1956-60年阿特松於西蘭所設計的金溝住宅羣，(Kingo Houses)，配合地形的配置，在系統的生產觀念下完成了生動的組合。

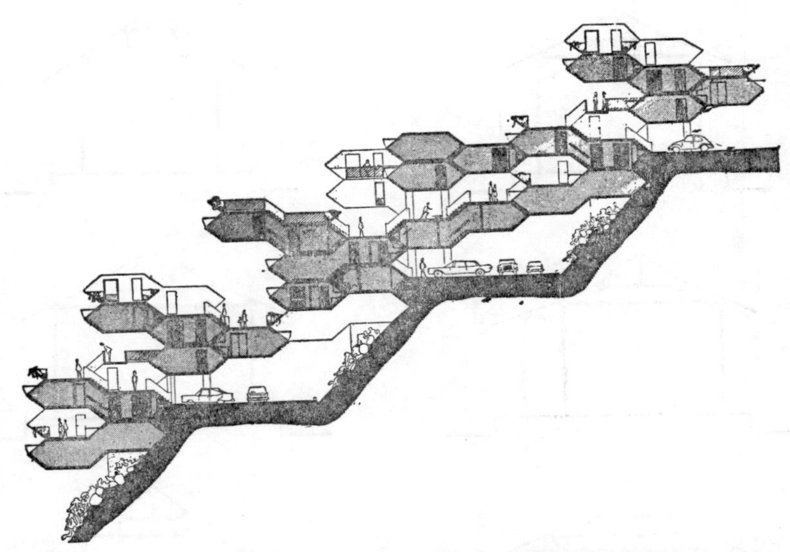

圖 5.2.13 1968-71 年沙代於波多黎各所設計的哈比塔計劃案，以不規則的單元排列，組合成動人的有機空間。

自古以來，由於建築科技及材料上的不斷演變，也產生了許多不同特性的設計原型。我國的古代建築構造，以臺基、墻柱構架及屋頂等爲主要的三部份（圖 5.2.14），不分宮殿、廟宇、官衙、宅第，也不論年代或規

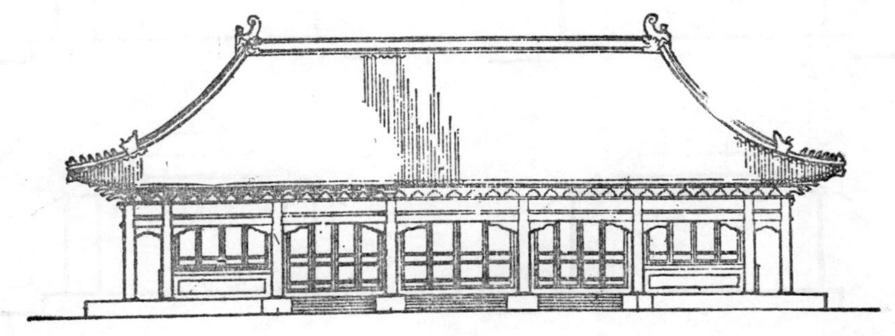

圖 5.2.14 中國古代建築的構造，以臺基、墻柱構架及屋頂爲主要三大部份。

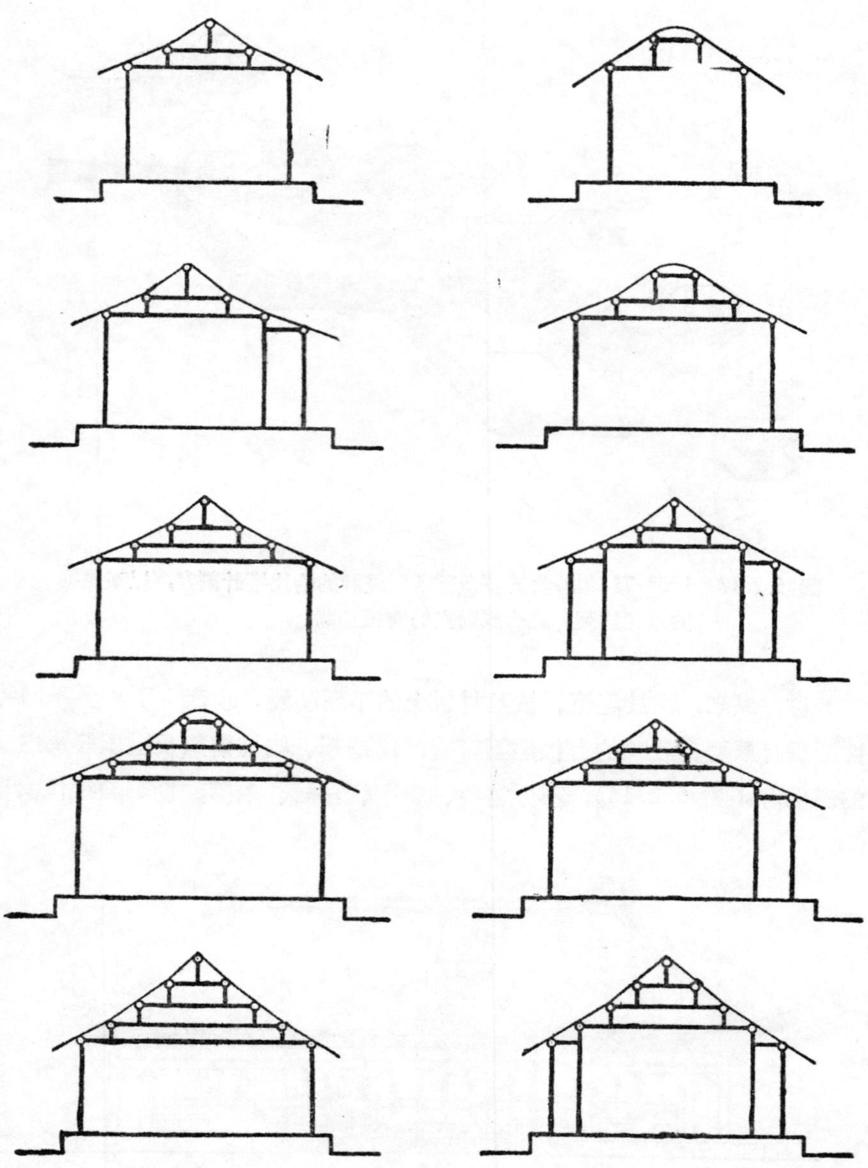

圖 5.2.15 中國古代建築的構架系統，產生了建築原型的一大特色。

模大小，這三部份不同的構造及材料，始終保持着其間相對的重要性及權衡的位置。而其結構則以木架爲骨幹，墻壁槅扇並不擔當承重的角色。這種構造的系統產生了中國建築原型的一大特色（圖 5.2.15）；使平面計劃的空間自由度及開口的尺度得以任意配置。只因，受木質材料的影響，所以，在跨距上受到很大的限制。

反觀西方建築的構造，自古以來，以墻壁爲主要承重角色，形式厚墻空間及穿孔開口的設計原型。及至以柱樑爲主要骨架之後，墻體承重的悶氣才得以解脫，乃使設計原型完全改變（圖 5.2.16）。這種構架的技術，加上新近開發的各種建築材料，促使西方建築得以步入更自由的設計原型，產生了許多新的建築形態。乃至剪力墻的結構系統，由中央核心及外墻承重的受力組合，不但使內部形成無柱的空間，更使高層建築的設計原型產生了很大的改變。

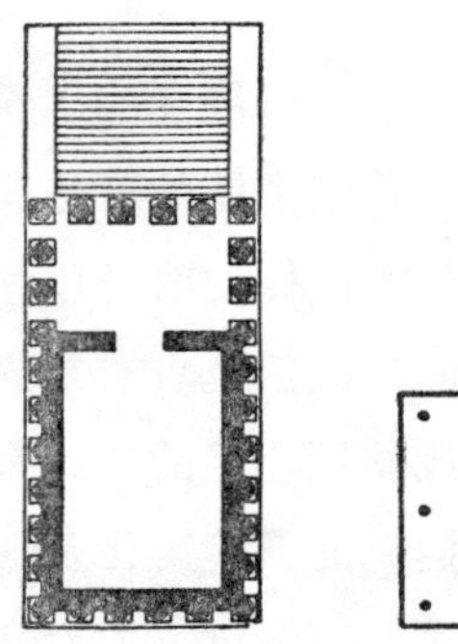

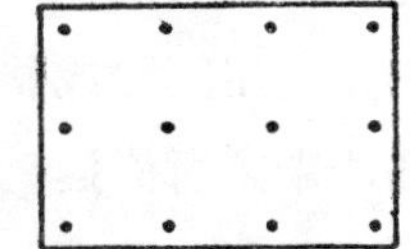

圖 5.2.16　古典原型與現代 Dom-ino 原型之比較

近代，由於模矩（modular）的不斷研究發展，設計者可以應用各種不同的組件相互的連結，產生了很多可供大量生產的設計原型。不可違言的，這種標準化的設計原型，對建築文化的不斷衝擊，將產生重大的影響，促使追求「大衆化」的建築設計，更進一步的達到可行的程度，甚至，打破時空的距離，使建築產業邁向「商品化」的境界。所以，「原型」的展示，不只是表現一個設計問題的本質而已，同時，它也反應出某一區域的建築文化之精神所在。

傳統上，設計者對於建築的原型化，大都依賴直覺的概念，將理想中的相互關係加以組合而導出設計原型。雖然，設計者可以運用各種不同的設計策略來進行設計作業，但是，大半的設計過程還是需要依據設計者的經驗及功夫而運作。如果，相互的關係是非常單純的設計問題的話，那麼，這種作法還不會使設計者感到太過困擾。但是，一個更龐雜的設計問題，也就不可能這麼簡單就可以應付得了。

自從電腦被高度利用之後，設計者也得到了不少的效益。它可根據設計者所輸入的基本空間的面積、準則及其他必要的程式，以矩陣的方式，把每一個可能的答案作成空間的原型；以設計目標所要求的機能責任，選定空間的原型，提供設計者參考與應用，再根據回饋的作業程序參與評估，以尋求最佳化之空間原型。

實際上，設計原型並不只表現一個設計問題的本質或機能責任而已。同時，設計者還必須以設計原型作爲建築價值的評估與判斷。由於，設計環境、設計理論及建築科技的不同體系，促使設計原型也因人、地、時的影響，而產生了很大的區別，其價值的高低也各有差異。設計者，在決定一個設計原型之前，必須運用經驗或特別小組的方式來作多次的評估，更需要理論的支持，以推測未來所能遇到的環境變化及形態發展。尤其是量產（mass production）的設計，原型的變通性（flexible）更成爲設計成功的要訣之一。

當設計者決定了某一設計原型之後，必須選擇某種傳達（communication）的方法，將之表達出來。正如，我們想告訴別人怎麼去作一件事的時候，我們必須以某種方式的言詞或動作，來表達我們的想法一樣；由於適當言詞或動作的傳達，可使事情更正確的完成。所以，傳達的方法不只是一種想法的說明而已，同時，必須依各種情況作適當的選擇。這種選擇必須考慮對方的理解程度，以免對牛彈琴，更必須考慮我方的設計成本及時限等問題，以免殺鷄誤用牛刀。如是，才可以達到事半功倍的效用，使設計原型很明確的表達出來，以作爲設計發展的基礎。

傳達的方法很多，最簡單的設計原型，也許可以比手劃脚一番就可以完全表達出來，而且作得頭頭是道。更詳盡的方法，也可以由圖面的表現，或附加說明書及製作各種模型等更深入的方法說明清楚。同時，依據各計劃案的情況及不同的設計方法，其組成也各不相同。最主要的，還是以能夠解說清楚爲原則。例如：都市計劃中，對某一社區之發展原型，如果能以模型作更接近實質的展示，那將會比現階段所作的，只能以着色圖面的公開展覽所收到的效果，必定好得很多。

設計原型的傳達方法，設計者可藉助於各種表現法的技巧，充分的解說其設計內容的「機能的行爲」(functional performance)，我們稱之爲「基本設計圖」或「設計正圖」。這裏面包括各層或各標高之平面圖，各向之立面圖及縱橫向之剖面圖等。主要目的在尋求設計機能的各系統間之關連性，以明朗化的表現形式解說出來。雖然，設計正圖着重於設計機能的表達，但是，爲了作爲發展設計之基礎，設計者必須在表達設計機能之外，對於設計發展的意向，作某種程度的提示。例如，材料的質感，大部之尺寸及生產之方式等。甚而，以文字說明或各種透視圖面及模型來表達。

到此，設計者必須將設計問題的現況分析，問題的提出及意念的發展，解答的獲得及設計原型，依據設計方法的不同及委託人之接受水準而作的一切圖說和表現，作成「設計報告書」，以作爲設計發展之藍本。這套設計報告書，不只是爲了設計者對於設計問題的整個因果關係作成結論，同時，也是爲了讓本計劃案得以根據這套設計報告書，發展成爲確實可行的設計答案。

5.3 細部發展

在「設計報告書」中，設計者對於設計問題的「機能行為」曾經作了充分的解說。其中，也考慮到各種建築的要素，以期結合成為一個好的設計。但是，這種機能的結論是否眞正能夠實現，仍然有許多技術上的問題尙待解決。同時，以考慮設計環境的前題下，用什麼方法來解決，也是一個頗為重要的問題。所以，設計者欲使設計成型，就必須根據設計報告書中所獲得的設計原型，依設計環境所允許的限度，作技術上的檢討與發展，才能尋得確實可行的設計解答。

固然，機能行為在設計過程中佔有極其重要的地位，但是，設計者如果只着眼於設計原型中的平面安排及立面的處理，而未能再深入的檢討其細部的設計，或只能套上一些傳統化的作法來完成他的設計，那麼，設計的品質將一直處於落後的狀態下，一代接一代的延續下去。所以，設計者必須在處理一個很好的機能行為之下，還能夠隨時過濾每一個建築要素，而賦予它各自的生命，再將這些要素組成優美的設計；設計者必須不斷的評估設計原型中每一部份的根源，而賜予它一個中肯的價值，這種價值務必在一種合理的製作過程下，產生有意義的效果，才是一個好的設計。優良的設計品質，絕非偶然可以得到的，設計者必須不斷的發展每一個建築要素的新價值，務使這些建築要素能永久保持其時空上的意義，才能成為一個成熟的設計。

空間的「質」是由建築要素及構件機能之間的微妙關係，所產生的一種效果。同是歐洲學院派建築的原型：有第一層挑空的柱列及完全獨立的構架系統，也有自由構成的平面及造型（圖 5.3.1）。但是，在當代建築師理查・麥亞（Richard Meier） 的住宅設計中，再也看不見當年戈必意(Le Corbusier) 所造成的那種緊張、重感的空間；而是表現一種令人輕悅

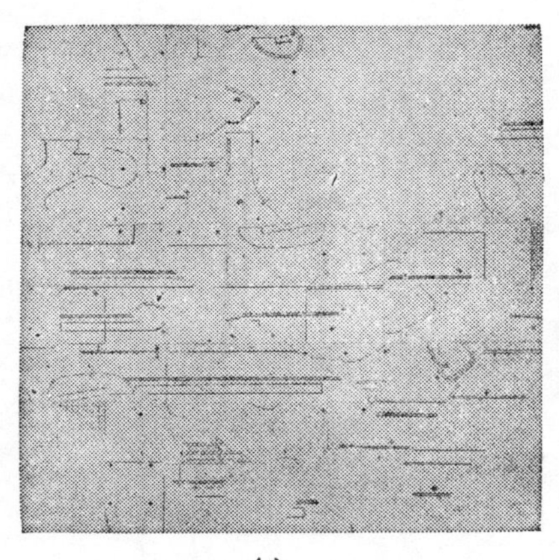

(a)

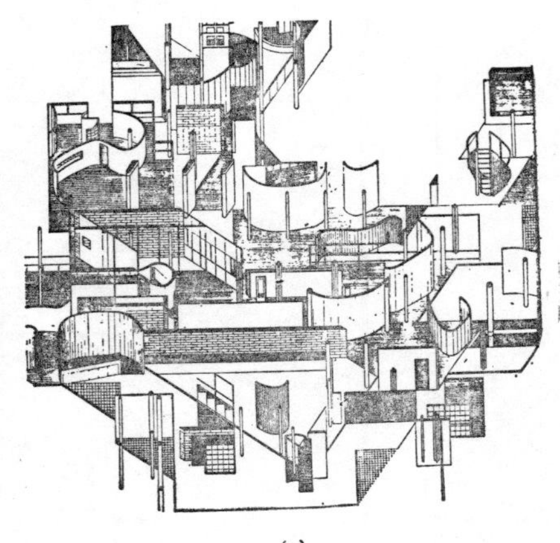

(b)

圖 5.3.1 歐洲學院派建築原型。(a) 平面 (b) 平行透視。

優游的氣質。我們以戈必意於一九二九年所設計的薩伏瓦別墅（Villa Savoye)(圖 5.3.2）與理查・麥亞於一九七一年所設計的奧・韋斯特巴里住宅（House in old Westbury)(圖 5.3.3)爲例，就不難看出，在同樣的設計原型之下，同樣以「追求陽光與自然」爲意念，卻由於細部的刻意安排而產生了不同的空間氣質。當然，由於設計環境的不同時空，理查・麥亞可以比戈必意更自由地解說他的歐洲學院派建築之原型。他的寬大玻璃框架，將單薄的實面與無限的虛空融合成爲一體，創造了另一種開放性與封閉性空間共存的新體驗，這種空間的平衡，即不模仿自然的形式，也不是抄襲傳統的建築手法，到處都可以見到令人震撼的新鮮氣質。這些，都是由於建築要素與構件機能之間刻意的安排，所產生的優美效果。

美國新澤西州的普林斯頓大學裏，有一座獨立戰爭時期所建造的大廳(Whig Hall）被半燬於一九七二年。隔年，建築師西格爾（Gwathmey Siegel）研究如何把它重建起來，供給大學的各個社團使用。如果，按照新古典派（neoclassical）的形式建造一個全新的外殼，那麼，將嚴重的損及歷史性建築的意義。因此，建築師發展出一個極佳的辦法，即可達到保存

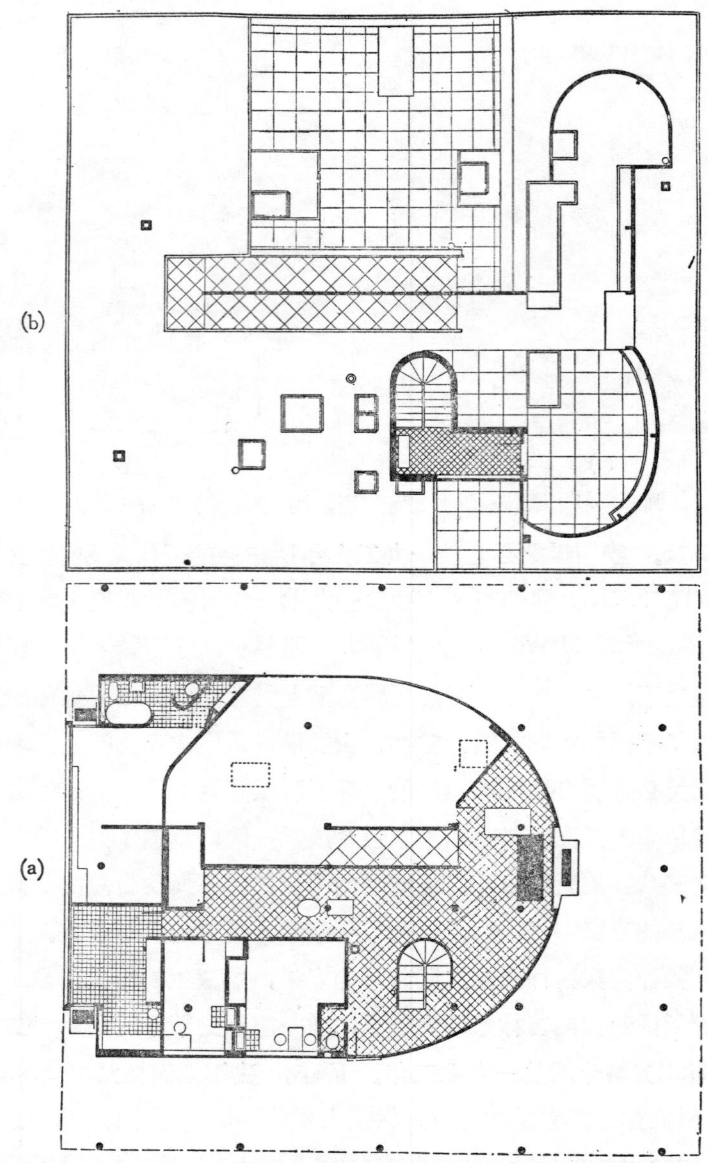

圖 5.3.2　1929 年戈必意所設計之薩伏瓦別墅（Villa Savoye）(a)一層平面圖，(b) 二層平面圖，(c) 屋頂花園平面圖，(d) 南北剖面之東向圖，(e) 南北剖面之西向圖，(f) 通向屋頂的斜坡。

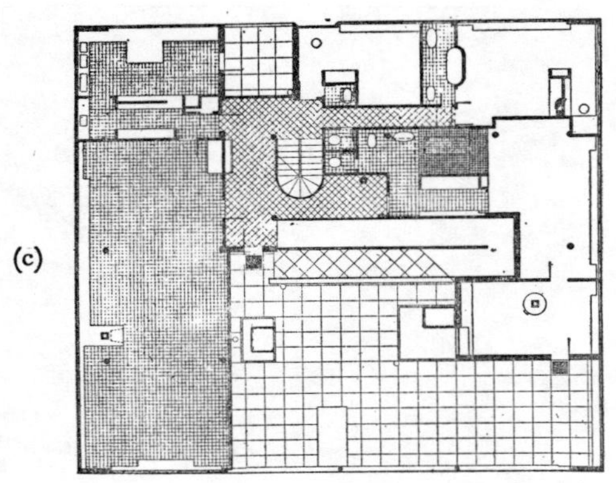

(c)

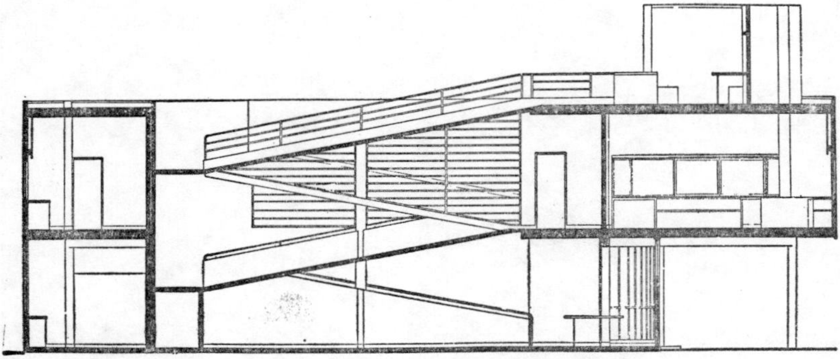

(d)

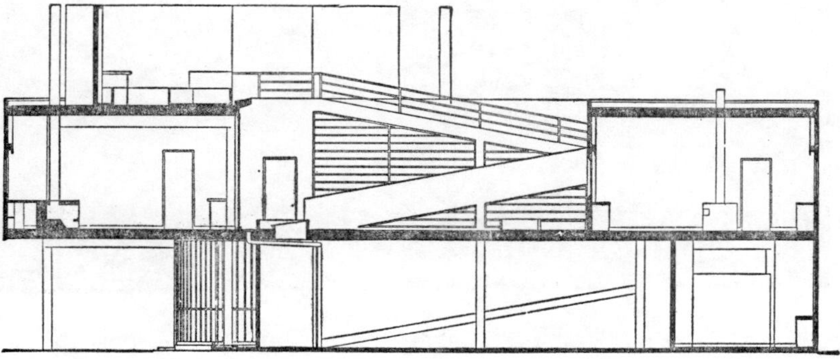

(e)

(f)

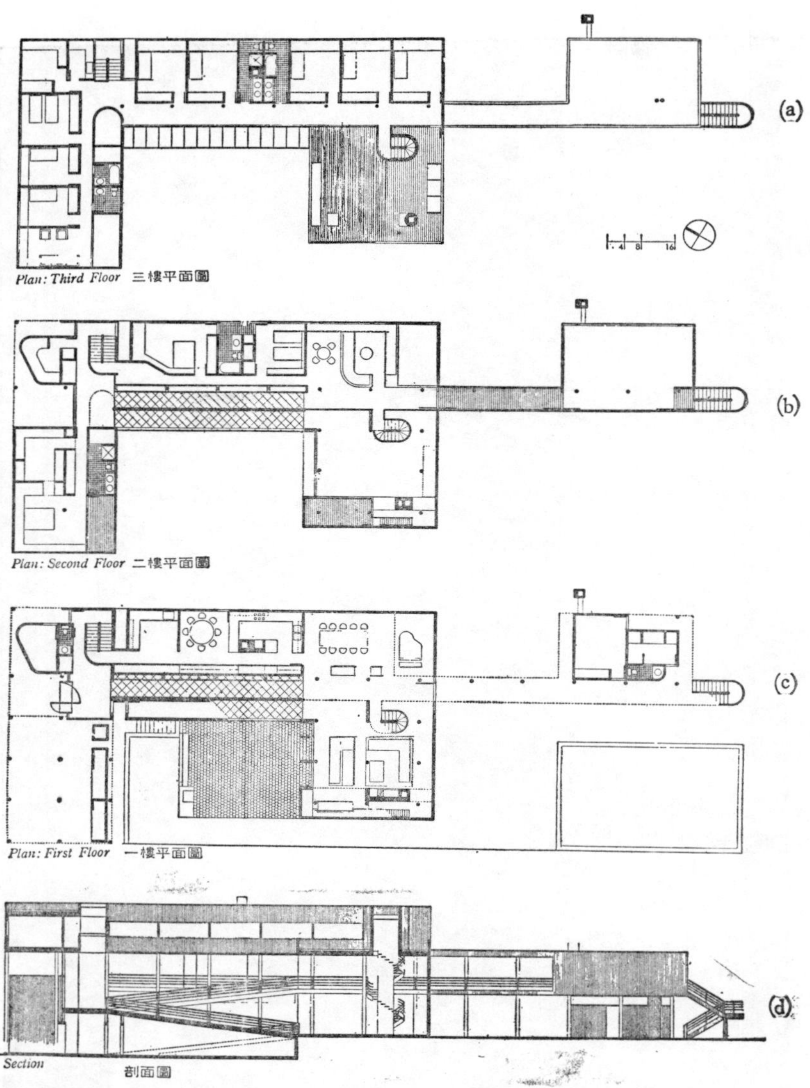

圖 5.3.3　1971 年理查、麥亞所設計之奧・韋斯特巴里住宅 (House in old Westbury)。(a) 三層平面圖，(b) 二層平面圖，(c) 一層平面圖，(d) 剖面圖，(e) 從餐廳看向起居室，(f) 從螺旋梯看中庭及斜坡。

(e)

(f)

歷史建築的效果，又可揭穿所謂折衷主義者 (eclectic) 的謬論。建築師以一種新的機能責任和戈必意的 Dom-ino 原型，設計了一個自由的平面，並把新作的柱列置於原有的大廳內，依照各個使用空間的不同需求，新建了各種不同層高的樓板，使各個細分的空間融合於原有的歷史性建築裏。這種原型的融合，不但解決了設計目標的需求，也使歷史建築重新付與生命，中肯的賜予新的價值 (圖 5.3.4) 。

如是，設計者對於設計原型的細部發展，必須針對設計環境所允許的限度，發展其技術上的必要條件；依據最爲可行的方法，將所要表現於設計原型的質和量，轉化爲技術的資料。對材料的性能及應用的方法作具體的檢討，確定「技術模型」(technical model)，才能完成細部設計，充分的實現設計原型所欲達成的意願。

爲了完成細部設計，設計者最好能在一個整體性的大原則下，將建築

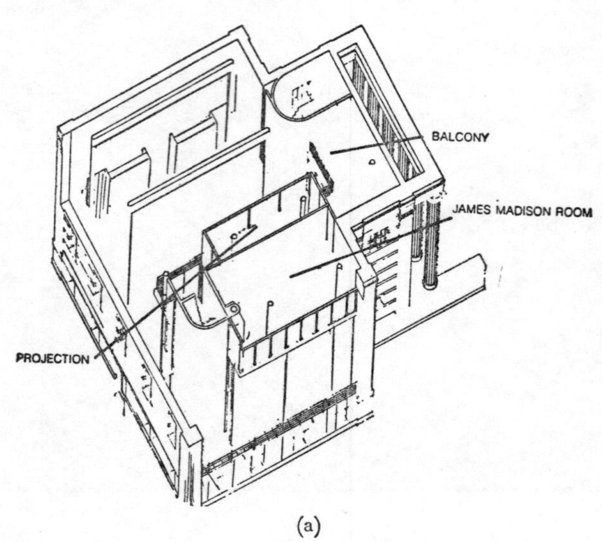

(a)

圖 5.3.4 普大之 Whig Hall. (a) 第三層平面，(b)第二層平面，(c) 第一層平面，(d) 地下室平面，(e) 模型。

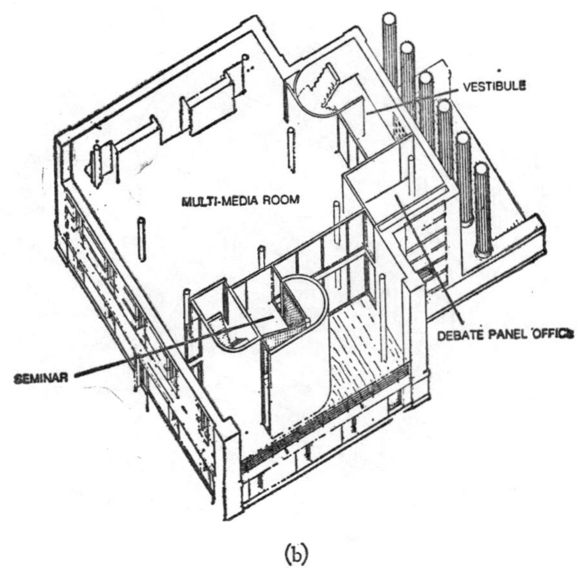
VESTIBULE
MULTI-MEDIA ROOM
DEBATE PANEL OFFICE
SEMINAR

(b)

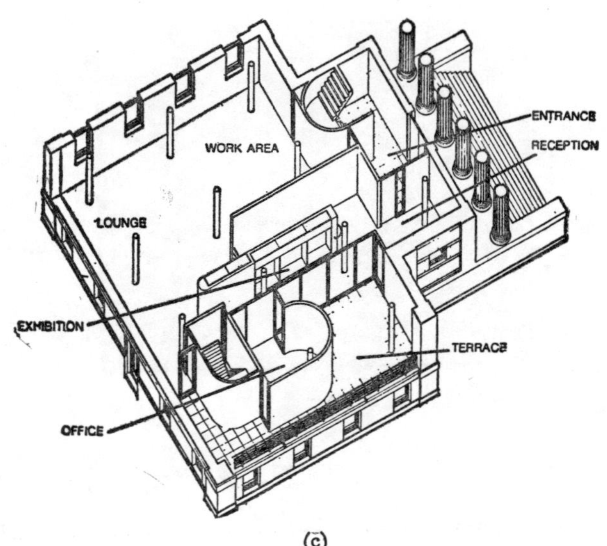
ENTRANCE
RECEPTION
WORK AREA
LOUNGE
EXHIBITION
TERRACE
OFFICE

(c)

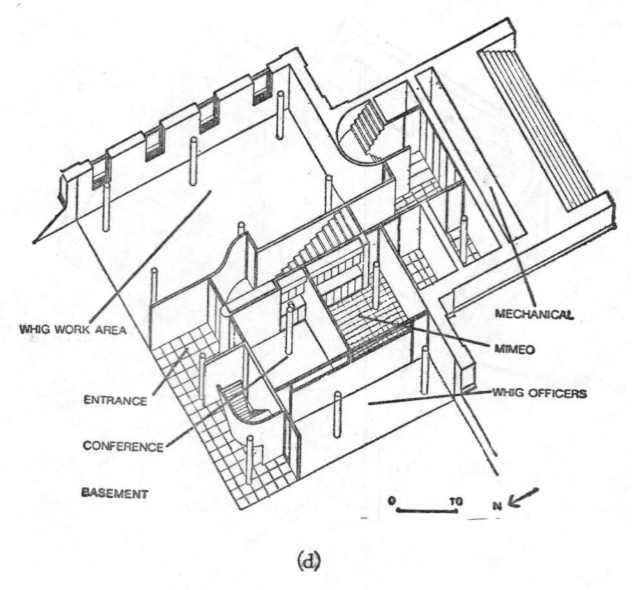

(d)

(e)

的構件逐步的分解，由大而小，由粗而細。按照施工製作的可能性，將建築的構件加以分類；以最高的效率和經濟效用，為求得最佳的設計品質為目的，完成一種能適應施工技術的細部計劃（圖 5.3.5）。由於，細部發展過程中所作的構件分解，一方面可作爲實施設計時，對於性能及成本的具體指引，另一方面又可作爲施工技術的品質管理的基礎。因此，構件分解的效能，不但能夠促使設計規模及品質得以達成某一目標，同時，也因爲品質的不斷改善而促使不斷的發展新的施工技術。

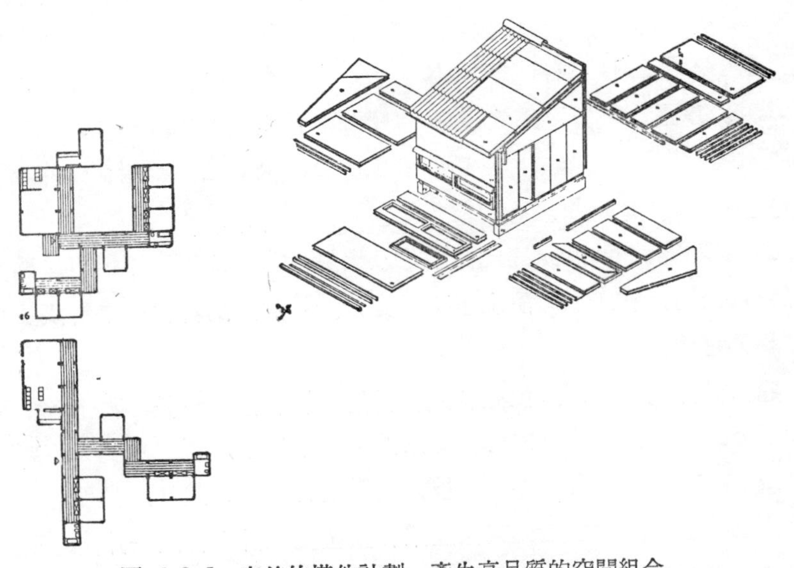

圖 5.3.5 完善的構件計劃，產生高品質的空間組合。

一個理想的構件必須具有某種程度的特性；它必須因應不同設計環境的需求而作靈活的運用。所以，構件的起碼條件應該是普遍化而又耐久性高的材料，並且，允許作各種不同的組合方法。最好，不一定要很專門性技術就可以加以作業。對於構件的尺寸及型體，應能配合模矩之使用，使之進入大量生產的廠製化，以確保構件品質及降低構件成本爲原則。

依生產方法的不同，建築構件可被分解成開放系統（open system）及封閉系統（close system）兩種。開放系統是以部材爲單元，工廠製造的作業較少，現場組立的作業較多，因此，對於建築生產效率而言較差。封閉系統是以單純的機能責任或結構空間為單元，工廠製造的作業較多，現場組立的作業較少，因此，對於建築生產效率而言較高，設計品質也較能夠控制到一定的水準。

以住宅的核心計劃（core plan）為例，它是一種封閉系統的建築構件，依住宅機能的不同目的，及必要的共同空間和設備為單元，作徹底的標準化和組合化。它被分成為進入單元，清潔單元，厨房單元及多用單元等。這四個單元可以被自由地配置組合，以適合各種需求的住宅功能（圖5.3.6）。以這四個單元為核心，可以附加各種其他機能的空間，如臥室、起居室、餐廳等，完全按照各戶的家庭成員，家族成長或基地條件及各人習性，而達到平面使用之各種變化。

這種核心計劃，乃是達成標準化及大量生產的典型，不但可以確保設計品質，同時，在工期時限上也可以充分的掌握，對現代住宅計劃及設計原型頗具意義。

建築構件的生產，應依據各類材料的性能和機能責任，再依各種不同的加工方法或零件製造，由各種專業的廠商來生產，再交由現場的施工單位來裝配，才能使建築構件與新技術開發結合一體。並且，必須建立裝配系統的互通性，促使建築與其他產業在生產及設計上打成一片，交互應用，才是合理化的系統設計的途徑。

不論，構件化的程度是部份施行，或是徹底的全部工廠生產化，都必須以生產規模及成本加以檢討。而其中，最重要的還是設計環境的因素，成為評估決策的最大關鍵。這也是確實達到「細部發展」的最大課題。

以結構系統的G柱H樑的構件設計為例，在國內的現況環境，全靠國外進口，因而導致時間上的效率性及施工上的經濟性，產生不如理想的後果。雖然，對鋼材生產技術高超的國家而言，這是一種理想的建築構件，但因環境因素的影響，在國內其效果並不如其他構件系統來得經濟或節省工時。

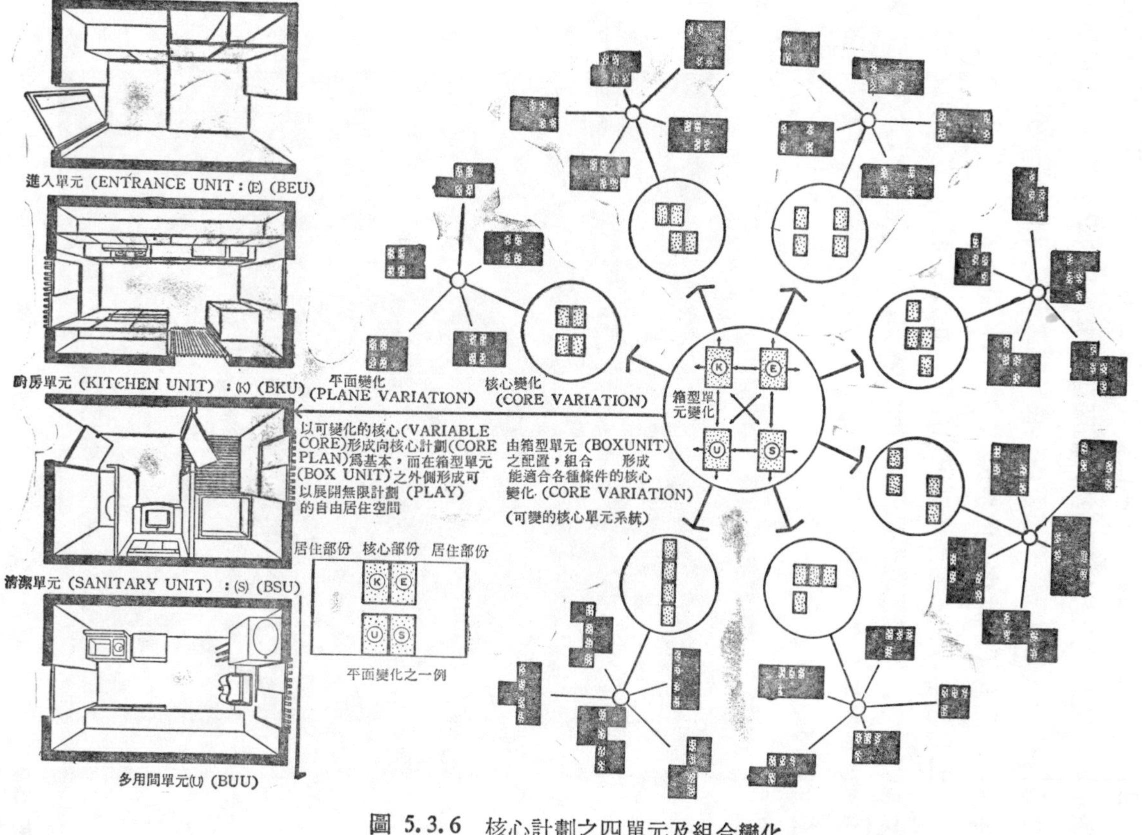

圖 5.3.6 核心計劃之四單元及組合變化

目前，最常被應用的廠製鋁門窗、帷幕墻（curtain wall），泡沫輕質混凝土板，預力板，天花板系統，隔間活動墻及ＦＲＰ浴厠單元等標準化之建築構件，在國內已逐漸被重視。由於施工及經濟上的優越度，促使建築生產逐漸邁向「構件化」的境界。

一九七〇年，日本的建築師黑川紀章，在大阪萬國博覽會中設計了一座太空艙住宅。以鋼管道作爲建築單元的支架，可以任意拆卸或擴充，充分表現建築構件之高度理性化及機能化，也強調建築構件之工業化系統的優點（圖 5.3.7）。

(a)

圖 5.3.7. 1970 年黑川紀章在大阪世界博覽會所設計之太空艙式住宅。(a) 太空艙式住宅與鋼管構架之組合。(b) 多個太空艙細胞可圍成一個核心空間。(c) 太空艙之內部。

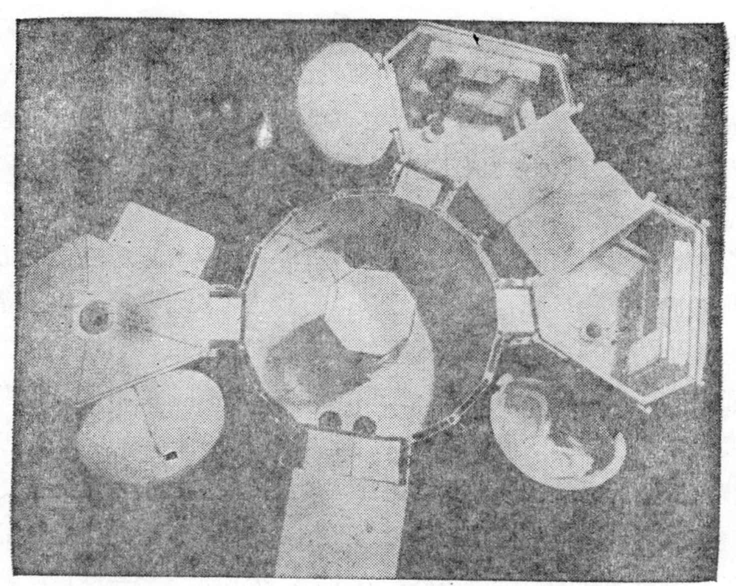

ⓑ

ⓒ

目前，日本已經發展一種「即時可住」的住宅建築，其標準化之構件可以依據各種接合的方法，組合成爲不同的面積及造型的住宅。依各人的喜好、生活的習慣或家族的成長，提供不同型式的房屋，並且在極短的時間內完成組合作業，短到你還沒有度完蜜月，房子就已經建好在等你回家。在美國，也正發展一種「限時建成」的建築物，以高應力構造編織成的桁架屋頂，藉剛性構件所製成的連續拱圈支撐。建造或拆卸只要三天時間。並可隨時擇地而建。由於配合模矩之應用，可隨着居住者的需要，隨時加以擴建。建築物的桁架提供爲內部水電及其他設備的空間，並且可以抵抗強風及其他外力，所以，作爲倉庫、工廠或其他大空間之使用也很理想。

在美國，ENVEX 已成爲可活動及預鑄構件的商標。由於特殊技術之處理，其構件對外界之物理特性具有絕對之效果，其品質被鑑定爲適於單幢及高層建築之用，其活動性及可變性的優點更適於大規模之模矩應用，其構件可被設計爲多種的組合。另外，A.U.S 公司也發展一種可移動的預鑄混凝土房屋，旣廉價又可迅速組立或拆卸的預鑄構件。首先，在基礎上按置了已預埋管線的預鑄樓板，再一次完成三面鋼筋混凝土外墻及屋頂，一天之後，拆除內部之框架，再完成第四面墻壁之作業。爲了補救大量生產所產生之過於單調之毛病，廠商還提供了多種質感及色彩之墻面，並且對於窗扇及開門的位置皆有自由配置之設計。

由於，設計環境的各種因素的影響，近代的設計構想已朝向追尋建築構件的生產單純化及合理化的途徑。所以，必須從細部設計着手，並且密切的與生產工業相配合，務使現場組立作業減到最少的工時和勞力；只有合理化的生產設計，才能達成合理化的建築生產。

勞力的不足是近代建築產業的最大難題，因爲勞力不足所引發的工資高昂及技術低落等副作用，迫使建築邁向工業化的境地。在量與工期時限的要求下，只有盡力開發高度工業化及標準化的建築構件，才能達到革新技術及大量生產的目標。由於，構件分解的細部發展及大量生產的廠製化，促使建築構件發揮高度的加工效能，並使之成爲普遍化之「商品」。在品質方面，也得以完全科學化的控制，安定產品的性能，建立其消費市場的穩定性。那麼，建築將和其他產業一樣，眞正成爲經濟市場上的流動性商品。

到那時侯，建築將成爲一種「商品的組合」；人們所要的將不是傳統生產的建築物，而是各種標準化的建築構件所組合而成的建築。而，建築的設計將和其他產業一樣，是以「市場調查」的結果來追踪需求的意向，也是爲達成工廠化生產而設計的建築。因之，建築的「人情味」將逐漸的消失。爲了謀求這方面的缺陷，除了增大房屋的可變性，使之容易變更用途，容易增建之外，更應該由基本的構件設計着手，提供多樣的選擇性，使之容易更換構件，重新組合。當然，這些構件的設計，必須以合理的試作與科學的實驗之後，經過與設計條件相互核對，評估及修改，才能確定作爲一種「商品」。

5.4　建材與施工

建築物是由多種材料及產品或構件所組合而成的。換句話說，建築材料的應用直接影響建築物的品質；合理化的建築材料，使設計者易於設計出理想中的建築物。因此，建築材料的開發與應用，將成爲追求合理化建築的一大要題。同時，建築材料的開發與施工技術的革新，將相互關連，並行發展。

工業化的社會結構，使人們對物質追求的慾望日漸增高；在住的條件上，對建築材料的需求日益複雜，對品質的要求逐漸感到不易滿足。同時，由於市場的刺激，出現了更多的建築材料。因此，造成尺度的統一，材料的品質，構件的配合，施工的技術及資材的供應等問題。設計者對建築材料的應用，不得不作更合理的分析與選擇；對材料的特性作充分的認識，以提高材料應用的效果。否則，一經設計錯誤或施工不良，其所造成的惡果將不易收拾。

自有建築行爲以來，人們就學會利用天然資源作爲建築材料，如砂石、木材等，直接用以建造房屋。時到如今，雖然已經有許多新的材料不斷地被開發，但是，天然的材料仍然被設計者及使用者所重視。由於，天然資源被長期的大量開發，及文明社會需求日趨增高的結果，人們不得不發展其他更高品質的人造材料，以供應建築之用，如鋼筋、水泥及金屬等無機材料和夾板、塑膠等合成材料。石油化學工業的不斷發展，更出現了許多前所未見的新材料。這些新種類的建築材料，具備着更佳的特性，不論其化學性質或物理性質，都是爲了新的設計需求的目標而被成功的發展出來，不但耐久性高，而且容易加工生產。

建築材料的加工度對施工技術的影響頗大。如果，建築物所採用的材料，大部份都能在工廠裏實施精密度控制的加工，那麼，現場的施工效率將會提高很多。尤其，在勞工不足，工資昂貴及技術落後的國家，提高建築材料的加工度，便是提高設計品質及施工合理化的最大關鍵。換句話說，如果不是高加工度的新材料不斷的開發使用，那麼，要想改善目前的施工效率，將是一件困難重重的大問題。所以，建築材料的生產，必須朝向機械化生產的方向發展；使之標準化，單元化，組合化（prefabrication），藉以儘量降低現場施工的工時，提高設計與施工的品質。

由於，建築物乃是大量的建築資材所造成，因此，除了考慮施工之合理化之外，針對建築物的總成本而言，建築材料的費用高低與品質特性，將同時被設計者及使用者所關注着。如果，一種品質極佳的建築材料，其價格相當昂貴，那麼，除非是爲了特殊目的或標準而予以採用，否則，這種建築材料的採用與否，將被再行考慮與評價。也許，將因爲價格與品質相比較的結果，這種昂貴的高品質材料被置之一邊，而選擇了另一種品質相當而價廉的建築材料。因此，在建築材料的開發中，如何使建築材料保持其高品質，又能降低其價格，將是決定其是否能被廣泛應用的關鍵。

基於此，建築材料的大量生產化，乃是達到價廉物美的唯一良策。如何達到大量生產的目標，有賴於設計者與施工者雙方面的配合；必須於設計和施工上皆能具備合理化的方法：在經濟上研究如何開發資源和節省能源，在技術上考慮如何系統化和工業化。如是，才能達到理想的建築生產的目標。尤其，在石油危機造成世界性的通貨膨脹的今天，建築材料的價格已非昔日可比，如何以工廠化的大量生產方法來降低價格和穩定品質，已成為合理化建築生產的一大課題。

建築生產所需要的資源相當龐大。不但在建築材料的生產過程中需要很多的資材與能源，而且，在建築物的使用期間也需要很多的資源來維持。因此，在世界上的可用資源逐漸減少的今天，設計者必須面對這個問題，積極地開發建築資源，有效地應用建築資源；合理的開發資源，以維持資源供需之平衡，高度的利用資源，以發揮資源品質之效能。

以現有人造建材的開發而言，必須進一步加以研究，設法提高資材的加工度，使之合成更具有特性的建材，不但求其品質的提高，並且以大量生產化的方法降低其製造成本，以取代高價格的建築材料。例如：夾板合成材，合成橡膠，夾層安全玻璃，紫外線安全玻璃，隔熱地磚等，都是以提高加工度，以求得材料之多種特性與功能為發展目標，所開發而成的人造建材。

以現有天然資源的開發而言，終有一天，已被利用的資源將被用盡。因此，必須積極開發新的資源，例如：太陽能及地熱的應用。設法利用新的能源以取代現有的資源應用方式，並節省現有資源的應用能量。

在美國密西根州的萬國商業機器公司（IBM）的南田城總公司，建築師為這一棟十四層的辦公大樓設計了一種節省能源的特殊外墻。在結構體四周的六十公分厚的外墻上，利用二道弧形的不銹鋼板，把陽光從室外反射進入室內，中間裝設了一道下部內斜的夾層隔熱玻璃（圖5.4.1）。雖然，開窗的面積只佔外墻的百分之二十，但是，由於反光的設計效果，不但可維持室內足夠的採光，而且使太陽熱度隔絕於室外，節省能源的負荷量。雖然造價稍貴，卻可節省常年的養護費用，以經濟觀點而言還是划得來，如能大量應用當可降低造價，達到開發新能源的目的。

在冰島，利用火山中的地熱資源，以管道控制系統將熱能輸送到每一戶住家中及公共設施上，比利用電能取暖的傳統方式更爲方便而經濟。在國內，也有多處利用地熱以供作爲溫室的熱能，用來培養動植物的實例。這些新資源的開發與應用，都將改變建築的設計與施工，設計者必須針對這些問題，作相當的認識與關切；以合理的設計方法，尋求新資源的開發與高度的應用。今後，我們的居住水準必是逐步高昇，能源的消耗也必是日愈增加，如何加強建築的性能，改進能源使用的效率，將是個迫切的問題，而這個問題的解答，將決定於設計過程中的合理選擇。

從建築計劃的方向來考慮節省資源的方法，除了設法降低建築物營建時及使用時所需的資材與能源之外，最重要的莫過於如何在建築材料的選

(a)

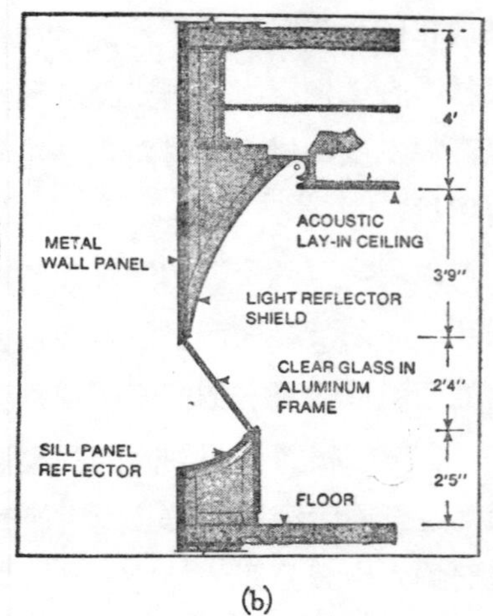

(b)

圖 5.4.1 IBM 南田城總公司，(a) 開窗只佔墻面之百分之廿，(b) 外墻剖面詳圖。

擇上，採用耐用年限較長的資材；建築資材的耐用年限愈長，對建築物的投資之經濟效果愈大，也可避免資源快速的枯竭。

影響建築資材的耐用年限的因素很多。除了資材本身的物理或化學性能的因素之外，它還受到社會性及經濟性等都市問題的影響。

根本上，所以考慮建築資材的耐用年限，主要是由於都市更新及超高層建築所發生的難題，才引發到資源的節省問題。目前，都市計劃的新觀念，已將都市及建築合為一體，實質上很難分別其界線。在建築上，所謂服務管道、結構體及使用空間，在都市計劃中被組合成為具有彈性及擴展性的細胞組織。由於主要及次要的交通網狀管線，可以將都市中的幾個「結構塔」與都市中心區連結相通，結構塔上可吊掛或嵌入居住用的使用空間。這種都市建築的新形態，成為今後建築計劃上的新方向。日本有很多建築師認為，建築可被分為結構體及構件部材二大部份；結構體是永久性的，構件部份必須是具有互換性的。因此，在不可能使建築物的所有資材皆有同一耐用年限之難題下，建築資材的選擇及設計的原則，必須着重於建築構件之局部更新；發展建築部材之互換性，才能達成節省資源的目的（圖 5.4.2）。

另者，社會性的變化也是造成建築資材縮短壽命的一大原因。不合實際需要的國民住宅的興建計劃，以錯誤的投資方案，使用簡單的建造技術及粗劣的材料，大量興建小面積之居住單位。幾年後的經濟發展及社會變革，這種國民住宅的質與量都不能適合於需求時，其空間之機能年限也跟着結束。那麼，這些建築終遭破壞而成為建築上之廢棄物，建築資材之浪費可想而知。

所以，設計者在計劃中，必須選擇適當的建築資材，把握各建築部材的耐久性，使建築物成為長期使用的社會性蓄積物。在意念上，必須能適應社會新機能的擴充和更新，在技術上，必須提高建築的變通性（flexibility）。這才是合理性的建築設計方法。

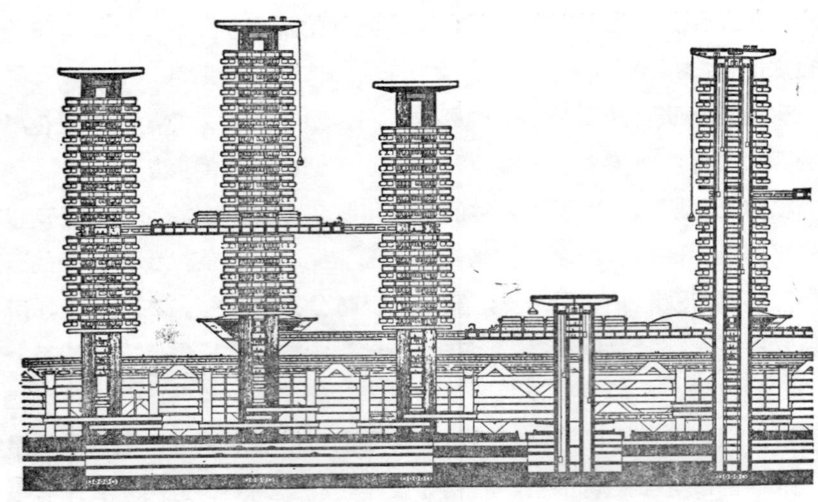

圖 5.4.2 未來都市結構將以部材之可換性來達成構件之局部更新

設計者，欲求建築生產之合理化，除了必須確實的理解建築資材的性能之外，對於建築之施工方式也應於設計計劃上作系統性之處理。事實上，適當的建築資材的抉擇與系統性的施工方法有極密切的關係，必須在設計過程中同時被考慮，不但可節省建築資源，同時可完全控制設計品質。

試看，我國目前的建築生產方法，大部份仍停留於「泛屋」的手工藝時代。建築工地上，仍是那麼簡陋的工寮，建築材料隨地堆置，髒亂的工作場所及粗陋的工具和作業方法，粗製濫造的建築物令人不敢近看。雖然，高樓大厦林立，雖然，也有各種機械設備，但是，我們仔細想想這些代表着現代化建築的大厦，其設計方法和施工方式，那裏像是一個合理控制下的產業過程。與其他產業相比較，建築顯得太落伍也太傳統。

一次生產的現場作業特性，使建築產業無法改正這種弊病。即使是大規模的建築行爲，也只不過是聚集更多的作業在一起而已。每一次的建築行爲，都在重複着一種固定的程序，而且每一次都得重頭開始作起，從設計到施工都只爲一次生產而作業，無法以一定的組成從事反覆的生產，更無法以之大量生產化。可見，在技術上，如果不能達到工業化及系統化，那麼於建築資源上將有多大的浪費，這種浪費包括大量的資材、能源及勞力。而且，也無法確實的控制設計品質。

近年來，房屋工業化（building industrialization）受到世界各國建設業的重視，被認爲是解決人類居住問題最可行的辦法。在我國也逐漸爲當局所接受，有意付之實施於國民住宅，但是，一般的觀念僅注重於細部技術的問題上，而未能從事於整個建築生產體制的總檢討；確立業主、設計者和營建業及加工業的一貫化生產體制。所以，房屋工業化在我國還未能普遍化實施。

建築生產工業化是以要求品質及性能爲大前題，所以，除了注重構件機能及建築資材的選擇之外，對於施工的方法及工地管理也將深受影響而有所改進；施工系統化的作業程序，將要求品質管理之精密度的提高。

在設計過程中，建築的機能責任，構造方式和施工方法的開發都被定案之後，最主要的現場執行工作，就是如何有效地實施工程計劃，達到高效率的控制管理。所以，管理的意義在於如何應用有計劃性的辦法，以達成設計的目標。近年來，由於建築內容愈趨高度化，增加工程施工之複雜化，如果沒有計劃性的施工管理系統，實在不易完成十全十美的建築生產，再好的設計計劃也終歸廢紙一堆。而要求計劃性的施工管理系統化，必須由整個大環境的各種因素互相配合才得實現；這些因素包括合理化的生產組織，工程承包制度及投標制度的改進，乃至於政策性的引導及社會教育的背景。如是，才能確立合理化的生產方式，而此種方式的確立，則以合理化的設計方法爲基礎。

參 考 文 獻

●Geoffery Broodbent/Design Method in Architecture/George Wittenborn Inc.

●日本建築學會編，王錦堂譯／設計方法／遠東圖書公司 1972。

●王協／老子研究／臺灣商務印書館 1968。

●郭肇立／設計行爲之抄襲與創意／中原建築會刋 5。

●Perry, Dean & Stewart/The Best of Intentions/P/A 2 1974

●J. Christopher Jones/The State of the Art in Design Methods/The MIT Press

●黃承令譯／美國哈普林景園建築師事務所之組織新體系／Landscape Architecture 4.1974

●范國俊／就目前之都市問題談房屋工業化之途徑／建築師月刋 5.1975。

●J. Christopher Jones/Design Methods/Johe Wiley & Sons Ltd 1973。

●李奕世／建築生產合理化的方向／建築師月刋 11.1975。

●王紀鯤／設計方法及技術之綜合研究及比較／建築師月刋 2.3.1976。

●蔡榮堂／The Sydney Opera House／建築師月刋 2.1976。

●李奕世／電腦、系統與建築／建築師月刋 4.1976。

●李博容／建築經濟行爲——建築經濟學序說／建築師月刋 4.1976。

●RIBA/Architect's job book, Check list/RIBA publications Ltd 1973。

●Laurence Stephan Culter & Sherrie stephens Culter/Handbook of Housing Systems for Designers and Developers/Van Nostrand Reinhold Company 1974。

●王建柱／包浩斯 現代設計教育的根源／大陸書店 1971。

●吳梅興／建築及都市設計之量的把握／建築師月刋 3.1976。

●William M. Pena, William W. /Architecture by Team.

●John Eberhard & John Zeisel/Establishing the Program /D/A 1.1974。

●Gwathmey Siegel/An Eclectic Exposure/P/A 6.1973。

●Philip Drew 原著：陳家沐，黃承令譯／第三代建築的變化意義／六合出版社 5.1976。

●磯崎新, 竹山實, 安達健司, 淸家淸, 星島光平／SYDNEY OPERA HOUSE, Sydney Australia／A+U 10.1973。

●William L. Pereira Associates in association with Sam Chang Architect & Associates/YIN-PIEN PROJECT COMPREHENSIVE MASTER PLAN FINAL REPORT/5.1972。

●Justus Dahinden/Urban Strutures for the Future/Praeger Publisher 1972。

●Ernest Burden/ARCHITECTURAL DELINEATION/McGraw-Hill Book Company 1971。

●Murray Milne/From Pencil Points to Computer Graphics/P/A June 1970。

●S. E. Rasmussen 原著, 漢寶德譯／體驗建築／大陸書店 1970。

滄海叢刊書目

國學類

書名	作者
中國學術思想史論叢(一)～(八)	錢穆著
現代中國學術論衡	錢穆著
兩漢經學今古文平議	錢穆著
宋代理學三書隨劄	錢穆著
先秦諸子繫年	錢穆著
朱子學提綱	錢穆著
莊子纂箋	錢穆著
論語新解	錢穆著

哲學類

書名	作者
文化哲學講錄(一)～(五)	鄔昆如著
哲學十大問題	鄔昆如著
哲學的智慧與歷史的聰明	何秀煌著
文化、哲學與方法	何秀煌著
哲學與思想	王曉波著
內心悅樂之源泉	吳經熊著
知識、理性與生命	孫寶琛著
語言哲學	劉福增著
哲學演講錄	吳怡著
後設倫理學之基本問題	黃慧英著
日本近代哲學思想史	江日新譯
比較哲學與文化(一)(二)	吳森著
從西方哲學到禪佛教——哲學與宗教一集	傅偉勳著
批判的繼承與創造的發展——哲學與宗教二集	傅偉勳著
「文化中國」與中國文化——哲學與宗教三集	傅偉勳著
從創造的詮釋學到大乘佛學——哲學與宗教四集	傅偉勳著
中國哲學與懷德海	東海大學哲學研究所主編
人生十論	錢穆著
湖上閒思錄	錢穆著
晚學盲言(上)(下)	錢穆著
愛的哲學	蘇昌美著
是與非	張身華譯
逍向未來的哲學思考	項退結著

現代藝術哲學	孫　旗　譯
現代美學及其他	趙天儀　著
中國現代化的哲學省思	成中英　著
不以規矩不能成方圓	劉君燦　著
恕道與大同	張起鈞　著
現代存在思想家	項退結　著
中國思想通俗講話	錢　穆　著
中國哲學史話	吳怡、張起鈞　著
中國百位哲學家	黎建球　著
中國人的路	項退結　著
中國哲學之路	項退結　著
中國人性論	臺大哲學系主編
中國管理哲學	曾仕強　著
孔子學說探微	林義正　著
心學的現代詮釋	姜允明　著
中庸誠的哲學	吳　怡　著
中庸形上思想	高柏園　著
儒學的常與變	蔡仁厚　著
智慧的老子	張起鈞　著
老子的哲學	王邦雄　著
逍遙的莊子	吳　怡　著
莊子新注（內篇）	陳冠學　著
莊子的生命哲學	葉海煙　著
墨家的哲學方法	鐘友聯　著
韓非子析論	謝雲飛　著
韓非子的哲學	王邦雄　著
法家哲學	姚蒸民　著
中國法家哲學	王讚源　著
二程學管見	張永儁　著
王陽明——中國十六世紀的唯心主義哲學家	張君勱原著、江日新中譯
王船山人性史哲學之研究	林安梧　著
西洋百位哲學家	鄔昆如　著
西洋哲學十二講	鄔昆如　著
希臘哲學趣談	鄔昆如　著
近代哲學趣談	鄔昆如　著
現代哲學述評(一)	傅佩榮編譯

當代西方哲學與方法論　臺大哲學系主編
人性尊嚴的存在背景　項退結編著
理解的命運　殷鼎著
馬克斯·謝勒三論　阿弗德·休慈原著、江日新譯
懷海德哲學　楊士毅著
洛克悟性哲學　蔡信安著
伽利略·波柏·科學說明　林正弘著

宗教類

天人之際　李杏邨著
佛學研究　周中一著
佛學思想新論　楊惠南著
現代佛學原理　鄭金德著
絕對與圓融——佛教思想論集　霍韜晦著
佛學研究指南　關世謙譯
當代學人談佛教　楊惠南編著
從傳統到現代——佛教倫理與現代社會　傅偉勳主編
簡明佛學概論　于凌波著
圓滿生命的實現（布施波羅密）　陳柏達著
薝蔔林·外集　陳慧劍著
維摩詰經今譯　陳慧劍譯註
龍樹與中觀哲學　楊惠南著
公案禪語　吳怡著
禪學講話　芝峯法師譯
禪骨詩心集　巴壺天著
中國禪宗史　關世謙著
魏晉南北朝時期的道教　湯一介著

社會科學類

憲法論叢　鄭彥棻著
憲法論衡　荊知仁著
國家論　薩孟武譯
中國歷代政治得失　錢穆著
先秦政治思想史　梁啟超原著、賈馥茗標點
當代中國與民主　周陽山著
釣魚政治學　鄭赤琰著
政治與文化　吳俊才著
中國現代軍事史　劉馥著、梅寅生譯
世界局勢與中國文化　錢穆著

中華文化十二講　錢　穆　著
民族與文化　錢　穆　著
楚文化研究　文崇一　著
中國古文化　文崇一　著
社會、文化和知識分子　葉啟政　著
儒學傳統與文化創新　黃俊傑　著
歷史轉捩點上的反思　韋政通　著
中國人的價值觀　文崇一　著
紅樓夢與中國舊家庭　薩孟武　著
社會學與中國研究　蔡文輝　著
比較社會學　蔡文輝　著
我國社會的變遷與發展　朱岑樓主編
三十年來我國人文社會科學之回顧與展望　賴澤涵　編
社會學的滋味　蕭新煌　著
臺灣的社區權力結構　文崇一　著
臺灣居民的休閒生活　文崇一　著
臺灣的工業化與社會變遷　文崇一　著
臺灣社會的變遷與秩序(政治篇)(社會文化篇)　文崇一　著
臺灣的社會發展　席汝楫　著
透視大陸　政治大學新聞研究所主編
海峽兩岸社會之比較　蔡文輝　著
印度文化十八篇　糜文開　著
美國的公民教育　陳光輝　譯
美國社會與美國華僑　蔡文輝　著
文化與教育　錢　穆　著
開放社會的教育　葉學志　著
經營力的時代　青野豐作著、白龍芽　譯
大眾傳播的挑戰　石永貴　著
傳播研究補白　彭家發　著
「時代」的經驗　汪琪、彭家發　著
書法心理學　高尚仁　著

史地類

古史地理論叢　錢　穆　著
歷史與文化論叢　錢　穆　著
中國史學發微　錢　穆　著
中國歷史研究法　錢　穆　著
中國歷史精神　錢　穆　著

國史新論　錢穆　著
秦漢史　錢穆　著
秦漢史論稿　邢義田　著
與西方史家論中國史學　杜維運　著
中西古代史學比較　杜維運　著
中國人的故事　夏雨人　著
明朝酒文化　王春瑜　著
共產國際與中國革命　郭恒鈺　著
抗日戰史論集　劉鳳翰　著
盧溝橋事變　李雲漢　著
老臺灣　陳冠學　著
臺灣史與臺灣人　王曉波　著
變調的馬賽曲　蔡百銓　譯
黃帝　錢穆　著
孔子傳　錢穆　著
唐玄奘三藏傳史彙編　釋光中　編
一顆永不殞落的巨星　釋光中　著
當代佛門人物　陳慧劍編著
弘一大師傳　陳慧劍　著
杜魚庵學佛荒史　陳慧劍　著
蘇曼殊大師新傳　劉心皇　著
近代中國人物漫譚・續集　王覺源　著
魯迅這個人　劉心皇　著
三十年代作家論・續集　姜穆　著
沈從文傳　凌宇　著
當代臺灣作家論　何欣　著
師友風義　鄭彥棻　著
見賢集　鄭彥棻　著
懷聖集　鄭彥棻　著
我是依然苦鬥人　毛振翔　著
八十憶雙親、師友雜憶（合刊）　錢穆　著
新亞遺鐸　錢穆　著
困勉強狷八十年　陶百川　著
我的創造・倡建與服務　陳立夫　著
我生之旅　方治　著

語文類

中國文字學　潘重規　著

中國聲韻學	潘重規、陳紹棠 著
訓詁通論	吳孟復 著
翻譯新語	黃文範 著
詩經研讀指導	裴普賢 著
陶淵明評論	李辰冬 著
鍾嶸詩歌美學	羅立乾 著
杜甫作品繫年	李辰冬 著
杜詩品評	楊慧傑 著
詩中的李白	楊慧傑 著
司空圖新論	王潤華 著
詩情與幽境——唐代文人的園林生活	侯迺慧 著
唐宋詩詞選——詩選之部	巴壺天 編
唐宋詩詞選——詞選之部	巴壺天 編
四說論叢	羅盤 著
紅樓夢與中華文化	周汝昌 著
中國文學論叢	錢穆 著
品詩吟詩	邱燮友 著
談詩錄	方祖燊 著
情趣詩話	楊光治 著
歌鼓湘靈——楚詩詞藝術欣賞	李元洛 著
中國文學鑑賞舉隅	黃慶萱、許家鶯 著
中國文學縱橫論	黃維樑 著
蘇忍尼辛選集	劉安雲 譯
1984	GEORGE ORWELL原著、劉紹銘 譯
文學原理	趙滋蕃 著
文學欣賞的靈魂	劉述先 著
小說創作論	羅盤 著
借鏡與類比	何冠驥 著
鏡花水月	陳國球 著
文學因緣	鄭樹森 著
中西文學關係研究	王潤華 著
從比較神話到文學	古添洪、陳慧樺主編
神話即文學	陳炳良等譯
現代散文新風貌	楊昌年 著
現代散文欣賞	鄭明娳 著
世界短篇文學名著欣賞	蕭傳文 著
細讀現代小說	張素貞 著

獻給孩子們的禮物

世界上最幸福的孩子，是他們一出生就有機會接近故事書，想想看，那些書中的人物，不論古今中外都來到了眼前，與他們相識，不僅分享了各個人物生活中的點滴，孩子們的想像力也隨著書中的故事情節飛翔。

不論世界如何演變，科技如何發達，孩子一世幸福的起源，仍然來自於父母的影響，如果每一個孩子都能從小在父母親的懷抱中，傾聽故事，共享閱讀之樂，長大後養成了閱讀習慣，這將是一生中享用不盡的財富。

三民書局的劉振強董事長，想必也是一位深信讀書是人生最大財富的人，在讀書人口往下滑落的多元化時代，他仍然堅信讀書的重要，近年來，更不計成本，連續出版了特別為孩子們策劃的兒童文學叢書，從「文學家」、「藝術家」、「音樂家」、「影響世界的人」系列到「童話小天地」、「第一次」系列，至今已出版了近百本，這僅是由筆者主編出版的部分叢書而已，若包括其他兒童詩集及套書，三民書局已出版不下千百種的兒童讀物。

劉董事長也時常感念著，在他困苦貧窮的青少年時期，是書使他堅強向上，在社會普遍困苦，而生活簡陋的年代，也是書成了他最好的良伴，他希望在他的有生之年，分享這份資產，讓下一代可以充分使用，讓親子共讀的親情，源遠流長。

「世紀人物 100」系列早就在他的關切中構思著，希望能出版

世紀人物 100

碧血丹心

張博鈞　著

三民書局

孩子們喜歡而且一生難忘的好書。近年來筆者放下一切寫作，接下這份主編重任，並結合海內外有心兒童文學的作者共同為下一代效力，正是感動於劉董事長致力文化大業的真誠之心，更欣喜許多志同道合的朋友，能與我一起為孩子們寫書。

「世紀人物 100」系列規劃出版一百位人物故事，中外各占五十人，包括了在歷史上有關文學、藝術、人文、政治與科學等各行各業有貢獻的人物故事，邀請國內外兒童文學領域專業的學者、作家同心協力編寫，費時多年，分梯次出版。在越來越多元化的世界中，每個人都有各自的才華與潛力，每個朝代也都有其可歌可泣的故事，但是在故事背後所具有的一個共同點，就是每個傳主在困苦中不屈不撓，令人難忘的經歷，這些經歷經由各作者用心博覽有關資料，再三推敲求證，再以文學之筆，寫出了有趣而感人的故事。

西諺有云:「世界因有各式各樣不同的人群，才更加多采多姿。」這套書就是以「人」的故事為主旨，不刻意美化傳主，以每一位傳主的生活經歷為主軸，深入描寫他們成長的環境、家庭教育與童年生活，深入探索是什麼因素造成了他們與眾不同？是什麼力量驅動了他們鍥而不捨的毅力？以日常生活中的小故事，來描繪出這些人物，為什麼能使夢想成真。為了引起小讀者的興趣，特別著重在各傳主的童年生活描述，希望能引起共鳴。尤其在閱讀這些作品時，能於心領神會中得到靈感。

和一般從外文翻譯出來的偉人傳記所不同的是，此套書的特色是，由熟悉兒童文學又關心教育的作者用心收集資料，用有趣的故事，融入知識，並以文學之筆，深入淺出寫出適合小朋友與大朋友閱讀的人物傳記。在探討每位人物的內在心理因素之餘，也希望讀者從閱讀中，能激勵出個人內在的潛力和夢想。我相信每個孩子在年少時都會發呆做夢，在他們發呆和做夢的同時，書是他們最私密的好友，在閱讀中，沒有批判和譏諷，卻可隨書中的主人翁，海闊天空一起遨遊，或狂想或計畫，而成為心靈知交，不僅留下年少時，從閱讀中得到的神交良伴（一個回憶），如果能兩代共讀，讀後一起討論，綿綿相傳，留下共同回憶，何嘗不是一幅幸福的親子圖？

2006 年，我們升格成為祖字輩，有一位朋友提了滿滿兩袋的童書相送，一袋給新科父母，一袋給我們。老友是美國國家科學院院士，曾擔任過全美閱讀評估諮議委員，也是一位慈愛的好爺爺，深信閱讀對人生的重要。他很感性的說：「不要以為娃娃聽不懂故事，我的孫兒們一出生就聽我們唸故事書，長大後不僅愛讀書而且想像力豐富，尤其是文字表達能力特別強。」我完全同意，並欣然接受那兩袋最珍貴的禮物。

因為我們同樣都是愛讀書、也深得讀書之樂的人。

謹以此套「世紀人物 100」叢書送給所有愛讀書的孩子和家庭，以及我們的孫兒——石開文，他們都是世界上最幸福的孩子，因為從小有書為伴，與愛同行。

史可法，這個我們從小到大，耳熟能詳的名字。一般我們會稱他為烈士，被稱為烈士的人通常活著的時候都很辛苦，而且絕對死的很慘，但他們身後會受到相當的崇敬。史可法絕對是烈士，因為他活著的時候為國為民，十分辛苦的奮鬥著，而他也死的很慘，他是被清軍分屍致死的，那他身後當然十分受到崇敬，不然作者我不會寫這本書，身為讀者的你也不會正在看這本書。所以當烈士很辛苦，因為生平要夠慘烈才能當烈士，所幸我們生在一個和平的世界裡，除非第三次世界大戰爆發，不然我們應該沒什麼當烈士的機會，畢竟我們是民主國家，想要改革，大可想想其他的方法。

在「世紀人物 100」叢書中，從戚繼光寫到史可法，兩位傳主都是晚明時期的人物，晚明是一個很奇特的時代，政治情況跟世道很混亂，思想卻很蓬勃，文學也很興盛，總之是一個很特別的時代 ， 不是三言兩語能解釋得清的。不過，晚明的政治情況真的非常糟糕，歷朝滅亡的特點，幾乎在晚明都以集大成的方式展現出來，有黨爭，有宦官，有民變，有外族，真是悽慘。戚繼光和史可法生活在這樣的時代，真是辛苦極了，但戚繼光又比史可法幸運，因為他生在晚明早期，那時候時局還沒亂到不可救藥的地步，而且明代經濟的高峰，戚繼光還躬逢其盛，更別說他曾經得到內閣首輔張居正的全力支持了，所以他能以他絕世的才華，建立不朽的功勳。

相形之下，史可法就沒那麼好運，他生在明代最黑暗的時期，所以不管他有多少才能，都註定無法建立不世出的事業，因為他的一生大部分的時間都在被扯後腿中度過，更危急的時刻，被扯的更嚴重，而扯他後腿的人，是他的同袍、同胞，真是悲哀不是？所以在看這段歷史的時候，實在沒有太多令人振奮的片段，就像以前國中念到歷史第三冊從晚清到近代，整本的民族血淚史，念得頭皮發麻，渾身起雞皮疙瘩，但晚明最最可怕的事，倒不是外族的入侵，畢竟說實在的，清代的皇帝平均素質比整個明代加起來不知道要好多少！最可怕的，其實是政治的黑暗，黨爭、貪贓枉法，人性的諸多黑暗，在那個時代都清楚顯現。讀歷史，就是要能做到鑑往知來，以古鑑今，而史可法的悲劇其實就是當時背景造成的，所以我在書裡寫了很多當時的政治狀況，希望讀者們在了解史可法的同時，能多多少少得到一些借鏡。

嗯，好像太嚴肅了一點喔？你們才幾歲啊？寫這麼嚴肅不會有人看得懂的啦！不過讀歷史就是這樣的目的嘛，總不能因為讀者年紀小，就只講故事不提教訓啊，所以作者只好說教一下了，看得懂的就多思考一點，看不懂的嘛……，沒關係，長大你就懂了！很多事情就是這樣，當下不懂，長大就懂了，這就是時間的魔力啊！要不然去問大人，大人會負責給你們解答的。

說實在的，寫史可法的時候，我一直很擔心讀者會看到作惡夢，這個人的一生這麼多舛，如果讀者看完夢到馬士英之類的奸臣怎麼辦？所以我還是比照往例，讓故事留一點距離，把史可法的生平，鑲嵌在故事的對話裡，拉出當時的秦淮第一名妓來為大家說故事，再虛構幾個武林人士，添加一點點浪漫的色彩，才會覺得人生還是美好的。

作者實在說太多話了，就此打住，還是老話一句，希望你們會喜歡這一套書，也希望這套書對你們有所啟發。

寫書的人

張博鈞

目前就讀師大國文研究所博士班，喜歡看小說，尤其喜歡將各種知識融進故事情節，豐富人物特色的作品，比如曹雪芹的《紅樓夢》，比如金庸的武俠小說，比如朱少麟的《傷心咖啡店之歌》、《燕子》之類的作品。星座是射手座，卻沒有一點冒險犯難的精神，倒是有射手座莽撞的天真。喜歡冬天的寒冷，討厭夏天的悶熱；喜歡喝茶的悠閒，也喜歡喝咖啡的從容；喜歡讀詩，也喜歡讀詞……，還有其他喜歡的，一時想不起來。

碧血丹心

史可法

目次

史可法

1602～1645

緣起

隆冬時節，北風連日來颳得甚是勁疾，大雪雖然是下下停停，卻也下得順天府近郊盡成一片銀白世界，觸目所及，只見霜雪處處，連道旁枯樹的枝椏上頭也已結滿冰晶，不斷在層層陰霾的天色下明淨閃耀，為此刻靜寂的萬里江山點綴些許明麗風光。如此風雪嚴寒的天氣，使得平素熱鬧萬分的順天府，在這天候之下都不免減去幾許熱絡，何況在這離都城尚有一段距離的郊區，更是人煙罕見，只有幾隻野狗瑟瑟的蜷縮在路旁。

在這天地盡皆冰封寂寥的時節，順天府近郊卻傳來一陣陣馬蹄聲響，馬蹄札札的敲打在雪地之上，夾雜著碎冰之聲，在這曠野中聽來居然著實清脆。風雪中，只見一行五、六騎，鞍轡緩緩，正朝著孤立於曠野之中，一向人跡罕至的古廟而來。為首的是一名男子，年紀約莫四、五十歲，身上披著一件黑色大氅，在如此惡劣的天氣下行走，他的神色不僅絲毫不見遑急，反而大有閒散之態。他騎在馬上悠然四顧，玩賞著眼前的雪景，感覺自己有如身處琉璃世界之中，心下甚是怡然自得。他一派悠閒的賞景，渾然不覺天候之寒，馬行徐徐，跟隨而來的部下卻在心中暗暗叫苦。主子是文人雅士，顧著閒賞風雅，偏偏手下盡是粗人，面對如此天氣，只覺酷寒逼人，哪裡還有半分悠閒？

騎在男子左後方的親隨，瞧見前方那一座古廟，正可提供眾人稍避風雪，於是語帶試探的問道：「老爺，前面有一座廟宇，看來甚是古樸，是不是要進去瞧瞧？」說話間語音忍不住微顫，想來是冷得緊了。

男子聞言，心下已知其意，笑道：「啊！我只顧著玩賞雪景，倒忘了體恤你們的辛勞，咱們便在那古廟稍作休憩，待風雪停歇後再行回府吧。左輔，你先到那廟裡去道個擾，不用出示身分，免得勞師動眾。」

這名男子正是當時的順天府學政，官拜提督，負責巡按直隸一帶學政的監察御史，名曰左光斗＊，是當時朝堂之中少見的清流人士，在文人士子之間頗負聲

放大鏡

＊**左光斗**　字遺直，萬曆三十五年進士，累官至左僉都御史。為人忠義耿直，不畏權要，明光宗崩逝，與楊漣等同心協力排斥宦官，扶持幼主熹宗即帝位，安定朝廷，當時號稱「楊左」。後來魏忠賢得寵，把持朝政，殘害忠良，楊漣上書彈劾魏忠賢之罪，左光斗支持其事，與楊漣等人同為魏忠賢所害。明思宗即位後，魏忠賢黨羽失勢，追贈左光斗為太子少保，諡號忠毅，後人稱左忠毅公。這裡提到的左光斗，是明朝歷史上很重要的一個人物喔，他對我們這本書的傳主史可法有很深遠的影響，什麼影響呢？嗯，後面會提到，乖乖看下去吧！

望。今日清晨，他原是出門稽查京師學政，途中因耽於雪景，於是越行越遠，連帶使得一干隨從苦受風寒。

左輔答應著，與另一名親隨拍馬去了。左光斗跟隨其後，這才一夾馬腹，稍稍加快腳步，後面跟隨的部下吁了一口氣，跟著加快了前行的速度。到得古廟門口，左輔已告知廟中僧侶，正與一名小沙彌在廟門相候，見主人到達，忙上前扶持下馬。左光斗下得馬來，向前來接待的小沙彌道了擾，小沙彌回了禮，便領著眾人往廟中廂房去歇息。

左光斗此時遊興未減，見那古廟規模雖不甚大，卻也乾淨雅潔，於是揮手讓手下眾人自去歇息，不用跟隨侍候，自己卻在廟中散步遊賞。忽然間，屋外一陣疾風吹來，風中微帶梅花香氣，左光斗聞香一喜，尋香而往，果然在古廟中庭看見一株梅樹。只見那梅樹昂然而生，鐵幹瓊枝，猶如玉龍張爪，極是精神，枝柯上雖然滿覆冰雪，但朵朵梅花不畏嚴寒，從冰雪中綻放開來，真箇是傲霜欺雪，堅忍剛毅。

「從來梅花勝景都以羅浮、庾嶺著稱，誰知此處廟宇默默無名，梅花卻也生得如此精神清癯，真可說是英雄不怕出身低了。」左光斗身任提督，監管學政，對於人才的選拔極端重視，這年他主掌童生考試，滿心希望能為國家選得棟梁之材，此刻面對古廟雪梅，竟也念念不忘此事。

當他對著梅樹左右玩賞之際，眼角餘光瞥見右側一間廂房門戶洞開，屋裡似乎有人趴在桌上睡著，桌上擺著筆墨紙硯以及諸多書籍。左光斗此時正欲得天下英才而後快，在這荒郊古廟之中，突然見到一名士子讀書廟中，不由得好奇心起。他慢慢走向廂房，只見房中油燈初熄，一縷餘煙裊裊，他伸手輕觸燈臺，果然還有餘溫，想是房中士子漏夜讀書所點。

左光斗環顧房中，見房中除書本、文房四寶與衣物被褥之外，別無長物，就連衣物被褥也都破舊不堪。側身靠著桌案入睡的男子似乎十分疲累，左光斗進得屋來，居然絲毫沒有驚擾到他。左光斗閱人無數，凝神觀看男子的形貌，只見他約莫弱冠＊之年，膚色黝黑，身材也不甚高大，但天庭飽滿，眉宇清朗，鼻

放大鏡

＊你知道弱冠之年是幾歲嗎？答案是二十歲。古代男子二十歲行冠禮，表示成人，所以弱冠是指二十歲。古人常常用一些特定的詞語代指某些年紀，比如十五歲是志學之年、三十歲是而立之年、四十歲是不惑之年、五十歲是知命之年、六十歲是花甲之年等等，這些詞語我們到現在都還常常在使用，所以要記起來喔。

梁挺直，此時雖然熟睡，未得見其眼神，但從相貌上看來，想必是一個正氣凜然之人。左光斗在心中暗暗點頭，正欲離開，卻看到男子手臂下壓著一張剛剛寫好的文稿，他輕手輕腳的將文稿抽出，見紙上尚有塗改的痕跡，想是這名男子前夜所書。左光斗看了男子一眼，見他仍然熟睡，便拿起文稿從頭讀起，他越看越奇，一鼓作氣的往下讀去，只覺其中文字嚴整，詞情動人，文中警策處處，論起治國方略來更是頭頭是道。

看完文章後，左光斗不禁對眼前男子大起知己之感，愛才之心大盛。他將文稿放好，隨即解下身上所披的黑色大氅，輕輕的覆蓋在男子身上。他不願驚動男子的睡眠，悄悄的離開廂房，離去之際，還輕輕的帶上房門，以免嚴寒風雪，吹病了房中男子，

摧折了未來的國之棟梁。

左光斗毫無聲息的離開廂房，正欲向廟中僧眾詢問房中男子的來歷，恰好有一名僧侶從迴廊中轉入中庭，他走向那個中年僧人，問明男子的姓名來歷，向寺僧作了個揖，朝廂房又望了一眼，便轉身離開。在他身後，風雪依然狂猛恣肆，但左光斗知道他已為大明王朝找到一個值得託付的人才，這正是此行最大的收穫，他面帶笑容，在親隨的陪同下回府衙去了。

風雪已停，左光斗來了又走，廂房中的男子懵然未覺。

過沒多久，終於到了童生考試的大日子，這次主考的官員，正是鼎鼎有名的左光斗。左光斗為人正直，由他主考，大批士子均感士氣大振，因為他為人公正，絕不偏私，只要真具才學，便有出頭之日，若是換了朝中其他貪贓枉法的官僚，這些寒窗苦讀的窮書生，又哪裡有大筆金銀去買通考官呢？自然只有名落孫山的分了。

考試後，左光斗坐在府衙內，身旁書吏手捧清冊，一一傳呼士子入內，過不多時，書吏高聲唱名，叫到了史可法。左光斗精神一振，只見門外走進一人，中等身材，黝黑皮膚，面貌正是前日視學京畿時，在古廟中見到的年輕人。左光斗定定的看著史可法的眼睛，見他眼光炯炯有神，神情堅毅，在如此緊張的時刻，他在考官的注視之下，居然凜然不懼，可見其意志之堅定。

史可法恭敬的呈上試卷，左光斗由書吏手中接過，才讀幾行，便覺振奮不已，他一口氣讀完，心中讚賞不已，臉上不動聲色，但已在試卷上簽署史可法為當年順天府童生考試的第一名。

放榜之後，史可法前往左光斗府邸拜見恩師，左光斗取中史可法這樣一個出色的門生，心中十分喜悅，便將他召入內堂，拜見自己的夫人，既得意又略帶遺憾的說：「我們的幾個兒子都庸庸碌碌，不見得能成大器，他日能繼承我畢生志業的，只有這一個學生了！」

這一年，正是大明熹宗天啟元年（1621 年），東北的女真人努爾哈赤＊滿洲大金國天命六年，左光斗四十七歲，史可法二十歲，距離大明皇朝的覆滅，只剩二十三年。

放大鏡

＊清朝的開國君主是努爾哈赤，他的名字根據精通滿文的故宮博物院清史專家——莊吉發先生的考證，最後一個字按照滿語發音，應為漢字的「齊」音，故當譯作努爾哈齊為是，但由於歷來習慣譯為努爾哈赤，因此作者在書裡還是沿用舊名，特別在這裡跟大家提醒一下，如果你在別的地方看到努爾哈齊這個名字，不要懷疑，是同一個人喔！

1 江山依舊

同樣是風雪漫天的時節，同樣是觸目銀白的冰封世界，時間卻已經轉眼過了四十餘年。大明皇朝在內憂、外患的交相侵迫之下，面對時局的敗壞，毫無招架之力，終於全面傾倒崩塌。眼下已經是大清康熙六年，舉國上下正在慶賀著康熙皇帝的親政，但在揚州城郊的梅花嶺旁，卻是一片死寂，毫無熱鬧歡娛的氣氛。

梅花嶺正如其名，嶺上滿植梅樹，其時正當寒冬，風雪嚴寒，嶺上梅花在北風中綻放，映雪盛開，其馥郁馨香似乎比別處更濃郁幾分。在一片雪白之中，只見一株梅花樹下，立著一個灰色身影，身形婀娜，應是一名女子。那女子雖然身著緇衣芒鞋，手持佛珠，一身出家人的裝扮，但頭上卻青絲縷縷，顯然是帶髮修行的女尼。

這女尼也不知在梅花樹下站了多久，始終一語不發，神色空茫中卻帶著深愁重怨，滿是無可奈何的神情。

良久，她衣袂微微一動，似乎正準備轉身離開，忽然聽到樹叢外傳來幾聲人語，令她驚疑之下，不由得停下腳步，側耳傾聽來人言語。只聽得一個蒼老的男子聲音語帶感慨的說道：「此處梅花開得如此旺盛，各處梅花勝景均有所不及，莫非真是史公英魂所佑嗎？」

那女尼聽聞來人提及「史公」，不禁心中一凜，此時滿清入關已有二十餘年，若非前朝遺民或反清志士，又有誰敢將「史公」二字掛在嘴邊？就不知那人所說的「史公」，是否是指死守揚州城的烈士史可法？

「什麼死攻活攻的？就這盤局勢看來，你這老東西不論怎麼攻，我瞧南方這一大塊土地可都盡是老朽囊中之物了。」另一老者的話聲剛落，就聽得沙沙聲響，隨即又聽到「答」的木板敲擊聲。

那女尼聽了這一連串的聲響，立時知道兩人其實是在弈棋閒語，只是她在此處已然站了許久，這兩人究竟何時到此下棋，她竟然毫無知覺，而如此大雪之日，這兩名老者居然到這梅花嶺來下棋取樂，可見定非常人。她微感好奇，悄悄的從樹叢後走出，卻見樹叢之外一座涼亭中坐著兩個老人，一個身穿青衣，一個身著藍袍，想是方才發聲之人，而兩老身邊分別有一男一女在旁侍立。

細看那對男女的容貌打扮，那女尼不禁微感詫異，兩人容貌出色並不令人意外，奇的是其時神州遍地已為清人所據，滿人入關以來便詔令漢人改著滿服，但這對男女卻依然是一身漢人裝扮，那少年並未薙髮*，頭上還束著天啟年間頗為流行的凌雲巾，面容斯文雋朗，極為俊美，輕袍緩帶，一派書生打扮。那少女則是一襲嫩黃輕衫，外罩一件珍珠白大氅，容色十分嬌美，她眼觀棋局，盈盈淺笑一直掛在唇邊，似乎絲毫不為風雪所苦。

那女尼原本只打算看看究竟是何等樣人，居然在如此天氣，不畏風雪嚴寒，來到這梅花嶺上

放大鏡

＊我們常常看到清宮大戲裡，男子的髮式都是前面剃得光光的，後面卻紮起一條長辮子，這就是所謂的「薙髮」，這是滿清入關以來，為了加強統治，雷厲風行的一個措施，目的在摧折漢人士氣，同時達到滿漢同化的作用。由於漢人一向秉持著「身體髮膚，受之父母，不敢毀傷」的孝親觀念，「薙髮」的實施在當時受到許多的抗拒，但在清廷「留髮不留頭，留頭不留髮」的嚴令之下，如不薙髮，便要斬首，不得已之下，大部分漢人還是改從滿人裝飾。

下棋，但一看之下，對這四人身分越發好奇，她不禁慢慢往涼亭靠近。還沒走近涼亭，亭中少女已然發覺，對著她笑道：「路封雪阻，師太何不到亭中避雪，喝杯清茶去去寒氣？」

此語正中那女尼心意，她向亭中四人微一行禮，躬身走進涼亭，亭中少女立刻為她捧上一杯熱茶，那女尼也不推辭，含笑謝過。那少女見這女尼雖然已是四十開外的年紀，一身灰衣布袍，卻不掩秀麗姿容，嫻雅氣度，又在這大雪之中到此，心下也是暗暗納罕。

那女尼卻不自述身分，也不說話，只是眼觀棋局。看那盤中棋勢，黑子與白子勢力懸殊至極，黑子勢大，已經占滿棋盤北面，眼見就要攻破南面，白子雖有兩、三眼可活，苦苦撐持，卻下來下去，終不成陣，明眼人一看便知白子必然覆滅，勢難支持。

那女尼一看盤中大勢，心中一動，只見這棋局竟隱隱有如當年大明朝覆滅的局面一般，她偶然間觸動心事，不禁神色戚然。原來這女尼竟然就是當年金陵城內媚香樓中，人稱色藝雙絕的秦淮第一名妓李香君。常言道：「古來俠女出風塵。」李香君雖然出身卑賤，卻是極具識見膽略，她當年與復社四公子之一的侯朝宗在秦淮河畔相知相戀，山盟海誓，兩情繾綣，本是一對佳偶，誰知國勢日壞，狼煙四起，朝中奸佞迫害甚急。侯朝宗關心國事，四處奔走，李香君嫉惡如仇，對侯朝宗的行動極力支持，兩人只盼掃平妖氛之後，再圖相守。

誰知大明國勢早已是日薄西山，才不過一轉眼間流寇已攻破北京，緊接著滿清鐵騎又兵臨城下，天下亂成一團，大明朝兵敗如山倒，不到一兩年的工夫，神州萬里江山便已風雲變色，侯、李兩人見事已不可為，雙雙看破世情，皈依佛門，從此長伴青燈古佛，不問世事*。

李香君這日所以來到揚州城郊的梅花嶺上，正是前來弔祭當日死守揚州城的兵部尚書史可法，不意竟在此遇見這四名行跡特異之人，觸動往日記憶，實是她始料未及之事。

亭中少女自從李香君進入涼

放大鏡

*關於李香君跟侯朝宗的戀愛故事，侯朝宗曾寫有〈李姬傳〉一文，提到他們兩人之間的交往，但他們之間的故事之所以廣為人知，傳唱不絕，其實與清代初年戲曲名家孔尚任有密切的關係。孔尚任曾寫有傳奇《桃花扇》，正是透過侯、李兩人的愛情故事，書寫明朝末年的一段史事，藉以抒發他的家國之思，他在書中說道：「南朝興亡，遂繫之桃花扇底。」正可見《桃花扇》創作的動機。這部傳奇公共電視臺曾經改編為歌仔戲演出，名為「秦淮煙雨」，由葉青和林美照擔綱演出，有興趣的人可以去找來看看，順便支持一下本土藝術也是不錯的喔。因為這部傳奇的時代剛好和傳主史可法的時代重疊，所以作者我就欽點李香君出來為大家說書囉！

亭之後，便一直在注意她的神色，忽見她臉上神色悽楚，不禁大奇。正欲說話之際，李香君卻已開口道：「阿彌陀佛！獨木難撐大廈，勢已至此，夫復何為？」李香君雖已年過四十，但她話聲卻依舊清脆軟嫩，一如少女，此語一出，令亭中四人盡皆驚異。

手執白子的藍袍老者聞言，將棋盤一推，嘆了一口氣，道：「一著失誤，竟至滿盤皆輸。」

青衫老者推開棋枰，笑道：「你這老頭還真是愛面子，明明失誤連連，卻說是一著失誤，這種話虧你在小輩面前也敢老著臉皮說出來。」

「如果只是一著失誤，若能銳意進取，自然會有翻盤之策，又如何會滿盤皆輸呢？」這個棋局觸動李香君心事太深，令她忍不住又嘆了口氣。

那青衫老者自從李香君進入

涼亭，見她十分面善，便已留上了心，只是當時關注棋局，無心他顧，此時聽得她話語之中似乎處處意有所指，對她的來歷大感好奇，不禁向她多望了幾眼。那書生模樣的男子見師父對入亭來的女尼留上了心，不禁也對李香君多看一眼。

師徒倆此一舉動均落在那亭中少女眼中，她對李香君的身分一直十分好奇，這時見青衫老者師徒看著她若有所思的模樣，心下更篤定李香君絕非尋常女尼，右手微扯藍袍老者衣袖，將他的神魂從大敗虧輸的棋局中拉回。

藍袍老者的衣袖被那少女一扯，他茫然抬頭，見到立在身前的李香君，認出她的相貌，不由得叫道：「尊駕不正是當年名動金陵的秦淮名妓李香君嗎？」

那藍袍老者複姓南宮，單名一個昶字，那黃衫少女正是他的獨生愛女，閨名喚作南宮彤。南宮昶年輕時曾是闖王李自成的部下，但闖軍軍紀不嚴，素質亦不高，他恥於與之為伍，故而飄然引退，四處遊歷，行俠仗義。李香君當年名滿江南，南宮昶儘管不涉煙花，她的豔名卻早已如雷貫耳，後來因為襄助復社之故，而與她有一面之緣。南京城破之後，南宮昶只道她早已香消玉殞，誰知竟在此處重見，真是江山依舊，物猶如是，人已非昨。

此語一出，亭中諸人除李香君之外，無不感到訝異。青衫老者本就在疑心，此時更是一臉恍然大悟的神情。南宮彤與那少年聽聞眼前的美貌女尼，竟是昔日的金陵名妓，均是驚訝得瞠目結舌，難以置信。

李香君見南宮昶居然認出她來，心中雖感詫異，但事過境遷，早已波瀾不興，當下只是雙手合十，淡淡的說道：「阿彌陀佛，前塵舊事，恍如迷夢，什麼名動金陵，均已與貧尼無涉，施主還提它做什麼呢？」

青衫老者拍腿笑道：「難怪我一直覺得這位師太的相貌好眼熟，卻偏生怎麼也想不起來，原來如此，失敬，失敬。」

李香君斂衽行禮，淡然道：「名妓李香君已然不在塵世，貧尼現在不過是一介方外之人，法號棲真，何來失敬之說？施主言重了。」

青衫老者向李香君拱手回禮，笑道：「師太是世外高人，見識自非我這等凡俗之人可及。只是如此大雪，卻不知師太何以到此呢？」

李香君想到方才他們曾經提及「史公」一詞，當下也不隱瞞，坦白答道：「不瞞各位說，貧尼到這梅花嶺，其實是來弔祭前朝義士的。」

「可是弔祭前朝兵部尚書史公可法嗎？」南宮昶脫口問道，見李香君點頭，不禁與青衫老者對望一眼。

原來過兩天便是十一月十四日，正當史可法生辰，他們四人料想前來弔祭之人必然不少，又欲避開清廷耳目，因此當此大雪之日，提前來這梅花嶺上祭拜，誰知李香君也是一般心思，故而不約而同的在此相遇。

李香君見兩人神情有異，問道：「兩位可是與史大人有舊嗎？」

青衫老者搖搖頭，思及舊事，神色慘然的說：「其實也算不上有舊。只是在下一向欽佩史大人為人行事，當年與南宮兄原本欲投向史大人軍中，相助守城，誰知去得晚了，揚州城已為清兵所破，連史大人的性命也來不及救下。」

揚州

這青衫老者名叫宋尚白，年輕時也曾投身在綠林，以打家劫舍維生。當時朝政敗壞，民生凋敝，流寇四起，他做這等沒本錢的買賣維生，偶爾還劫富濟貧，救濟災民，說起來比官府做的好事還多，他心裡認為如此舉措實是官逼民反，從來也不覺得有什麼不對。後來在一次行動中，被一名武林異人所擒，那人見他一身傲骨，對他曉以大義，說道在這亂世之中，我輩武林中人縱然不肖，無力救國救民，也當獨善其身，怎能聚眾為盜，更增民生之苦？宋尚白被他說得慚愧不已，當下拜在那武林異人腳下，發誓改過，從此心存仁義，那人見他志誠，便收他為徒，將一身武藝盡數傳授。

宋尚白武藝有成之後，果然一改年輕時的作風。他對大明朝廷的腐敗痛心已極，對當時四起的闖軍也無好感，既不願相助朝廷剿匪，也不願相助流寇成事，只是到處行俠仗義。某日在江淮與南宮昶相識，兩人從此結成莫逆，後來聽說清軍渡江南攻，他二人一向佩服史可法為人，便欲同去助他守城，誰知終究晚了一步，只遇上清人大舉屠城，兩人與清軍幾陣大殺，卻也救不得揚州城眾多百姓，最後只得頹然南歸。

南宮彤聽三人一番對答，對三人口中所提「舊事」頗感興趣，看了那書生打扮的少年一眼，見他不動如山，穩重一如往常，顯然不會開口相詢，於是自向父親問道：「爹爹，你們說來說去，到底是在說些什麼呀？」她年方十六，出生之時已是在明清易代之後，又隨父母隱居深山，對世俗之事所知甚少，明清之際戰事慘烈，殺戮之慘，她雖曾聽得父母談論，但由於年紀幼小，許多血腥之事，父母也不願讓她聽聞，因此對這些事都只是一知半解。

那少年見三位前輩都是臉色凝重，也知此事定然慘酷非常。他年紀雖輕，未曾經歷甲申國變*，但長久以來隨著師父四處行走，明清易代之事或多或少也曾聽聞，他不願勾起師尊心中的傷痛，正想改變話題，轉移焦點，但宋尚白卻已幽幽開口：「雖已事過境遷，但諸事頭緒紛繁，

放大鏡

*「甲申國變」指的是什麼呢？其實指的就是李自成率領大軍攻入北京城之後，崇禎皇帝在煤山自縊的歷史事件。崇禎是明朝最後一個皇帝，甲申年正是崇禎十七年（1644 年）。我們現在習慣用西元和民國紀年，但古代人是用天干、地支相互搭配來紀年。所謂的天干，共有十個，就是我們都很熟悉的甲、乙、丙、丁、戊、己、庚、辛、壬、癸；地支呢，則有十二個，就是子、丑、寅、卯、辰、巳、午、未、申、酉、戌、亥。在紀年的時候，由一個天干，搭配一個地支，從甲子開始，到癸亥結束，六十年為一個循環，這種紀年法，我們到現在都還在使用喔，回家翻翻日曆、月曆或農民曆，看看你能不能找到今年是什麼年。

真不知從何說起才好。」

李香君不願多談舊事，她將茶杯遞給南宮彤，向四人道謝，便出亭離去，沒多久身影便隱沒在大雪之中。南宮昶等人知她一生遭際與明末事變多有牽連，怕觸動她的心事，因此也不便出言相留。

南宮彤見李香君孤身隻影，在大雪中顯得甚是單薄纖弱，想她年輕時名動公卿，此時卻孑然一身，真是我見猶憐，其間的曲折不知有多少辛酸滄桑，她雖年輕稚幼，對前事懵懵懂懂，此時卻也不禁戚然。

一時之間，涼亭內寂然無語，只聽得風雪之聲呼呼吹過。良久，宋尚白才開口說道：「方才師太對著棋局說道：若是一著失誤，銳意進取，自有翻盤之策。她所說的話十分切中其中關鍵，咱們大明朝所以覆滅，正是由於錯著連連，導致兵連禍結，天怒人怨，最後終於滿盤皆輸。」

「若說起這錯著來，只怕在立國之初就早已經種下惡因了。」南宮昶常在思索明朝覆滅之因，思前想後，認為禍端在明初便已種下。

宋尚白聽聞此語，笑道：「真是瞎說，想大明朝立國二百七十七年，就算後來國勢衰頽，其中盛世，也有赫赫百年之久，怎麼可能在立國之初就種下亡國的禍端？就算要說也應該是從萬曆帝那個又貪又懶的昏君說起*。你這老兒，就愛胡亂賣弄。」

「我說你不唸書沒見識，果真就沒說錯。國家之勢就好比人身健康，年輕壯盛之際，任你身上有多少病根，總是隱伏不顯，到得老來，氣血衰弱，憑你年輕時是怎樣強壯，那些病根一旦發作起來，又如何抵擋得住？想我大明朝開國君主何等雄才大略，永樂帝繼承父業，國勢之盛那是不用說了，這時就算國家典章制度中有什麼缺陷，其中危害自然不會立刻顯現出來，可是後來的皇帝既沒有祖宗的英明睿智，卻又比他們怠惰荒逸，那禍害自然就慢慢的顯現出來，日積月累，終於到了不可挽救的地步。」

宋尚白被南宮昶一陣搶白，

放大鏡

＊宋尚白這個說法，是後來研究明朝的歷史學家們的共識，清代的趙翼在他的《二十二史劄記》這本書裡就提到，明代的滅亡其實不算亡於崇禎，而是亡於萬曆。明神宗在位四十八年，是明朝皇帝中在位最久的。在他剛即位的前十年，因為年紀還小，朝中大政都操在內閣首輔張居正手中，張居正是個很有能力的政治家，在他主政期間，明朝的國力、經濟發展到了一個前所未有的顛峰，張居正死了之後，萬曆親政。萬曆帝又貪又懶，他一再向民間加稅，來滿足他聚斂財物的欲望，還在宮中設了一個內庫，專門存放他加稅徵收來的錢財，這些錢不論國家經濟有多困難，萬曆帝死都不肯拿出來用，後來內庫的銀錠有些都放到發黑甚至朽爛。萬曆很懶，他在位期間幾乎不見大臣，不批奏章，但是只要和稅收有關的奏章呈上，他一定立刻就看，一個當世最大帝國的皇帝，何以會有這種守財奴個性，真是令人百思不解。到萬曆晚年，整個明朝的政治和經濟都衰敗到極點，從顛峰掉到谷底，可見他敗家的能力有多強了。

不由得當場愣住，本欲再辯，可是細思其言，似乎又頗有道理，只是百般思索，就是不知道這禍端是從何而生。

那書生打扮的少年名叫展令揚，他見師父陷入沉思，有心要為師父扳回顏面，對南宮昶的言論略加思索，心念一動，便道：「南宮世伯指的莫非是洪武帝廢相，永樂帝＊置東廠之事嗎？」

南宮昶見他出語直指其中關竅，笑道：「瞧不出你師父粗魯直率，居然調教得出你這樣一個心思縝密、見識寬宏的徒兒。」他不知展令揚本是出身書香世家，幼秉庭訓，本就熟讀經史，因為明季世道混亂，父親不要他涉身官

放大鏡

＊元、明以後，皇帝的年號比較少變動，往往一個皇帝就用一個年號，所以我們也常常用年號來稱呼這個皇帝，像明太祖年號洪武，就是洪武帝，明成祖年號永樂，即是永樂帝。而在清朝皇帝中，我們耳熟能詳的「康熙」、「雍正」、「乾隆」就統統都是年號，既不是帝號，也不是皇帝的名字喔。

場，才要他棄文從武，拜在宋尚白門下。

宋尚白聽南宮昶又出言取笑，立時反唇相稽：「你這麼一個黑炭頭模樣的莽漢，不也生出一個花朵般的閨女嗎？常言道：『歹竹出好筍。』這可比我調教徒兒又更加難得了。」

南宮彤早就看慣兩人的口舌之爭，知道兩老總愛鬥嘴取樂，也不去理會，自與展令揚議論前朝舊事，道：「展大哥，大明朝敗政甚多，你如何知道爹爹指的是這兩件事呢？」

展令揚微笑道：「這事雖不難猜，但說起來也真是令人氣沮。從前朝末年的政治局勢看來，權奸當道自然是朝政敗壞的原因，但黨爭禍國，更是大明朝國勢從此江河日下的主要原因，而明朝初年的政治制度中，與黨爭關聯最大的，就我所知，就是這兩件事了。」

話說到這裡，照理說南宮老兒應該跳出來，好生稱讚一下展令揚的精闢見解，順帶解釋整個情況，但由於他與宋尚白吵得方興未艾，兩人的鬥嘴已經進入意氣之爭的階段，一時停不下來，南宮彤無奈的看了兩個為老不尊的人一眼，只好把她所知的事情搬出來和展令揚討論。

「永樂帝置東廠這件事，我能理解其中危害之大。畢竟宦官內侍危害朝政，漢、唐兩代早有明鑑，想當初太祖立國，也曾明令不許內侍讀書，同時嚴禁他們參與、干涉政事。然而永樂帝之所以能夠奪得帝位，卻是受了內廷太監不少幫助，他即位後反而設立東廠，重用宦官，專門用來監視朝廷官員，儼然變成一個特務組織，使得朝中人心惶惶。之後憲宗設西廠，武宗設內廠，均是因為寵任宦官而設立，宦官的勢力日益增強，進而與錦衣衛*狼狽為奸，陷害忠良，導致國勢日壞。先有英宗時，太監王振慫恿萬歲御駕親征瓦剌，導致英宗兵敗被俘，後有劉瑾、魏忠賢兩個逆閹的先後為亂，終於導致大明朝的敗亡。」

南宮彤一口氣把所知道的事情通通說完，感覺有點渴，所以停下來喘口氣，正想喝水時，已經有人體貼的倒了一杯茶放在她面前，她接過水就喝個涓滴不剩，抬眼正想向展令揚道謝，卻看見兩老一少全都盯著她看。

「怎麼？我說的不對嗎？」她記得父親平日和母親談論正是這

放大鏡

*如果大家常看古裝武俠電影的話，一定常常聽到錦衣衛這個名詞，錦衣衛是明太祖朱元璋所設立的，本來只是負責侍衛和儀仗的工作，後來才慢慢轉變成負責偵察大臣言行、私密，緝捕叛臣的特務組織。

麼說的啊。

南宮昶點點頭，不可思議的道：「我說乖女兒啊，妳還真是讓老爹大開眼界啊，平日看妳只愛吟誦詩詞，也不見妳閱讀史書，這些事妳是怎麼知道的？」

南宮彤定定的看著她的父親，笑道：「這不正是爹爹您平日談論所言嗎？」

話音剛落，就見南宮昶得意的咧嘴大笑，還向宋尚白拋去一個自得的眼光。南宮彤翻翻白眼，她就知道爹爹之所以故意這樣問，就是要得到她說的那句話好向宋尚白炫示才學。

宋尚白冷哼一聲，看看棋局，又看看南宮昶，不屑的眼神清楚的表示「有才學了不起啊？下棋還不是輸」的意思。南宮昶受不得挑釁，當下收拾棋子，決意再跟宋尚白大戰幾百回合。

展令揚見兩老又再次開始棋

局廝殺，不由得苦笑，他們今天已經下了不下二十局，每局都是以南宮昶大輸作結，偏偏南宮昶自認棋藝天下無雙，認為宋尚白只是恰巧今天走運，硬是要下到贏為止。

南宮昶一向以文武雙全自居，此外還認為自己琴棋書畫、詩詞歌賦無一不精，總之當代文人該會的諸般技藝，他自認為盡皆兼擅。可是南宮彤深知老父的本事，說他文武雙全自然是有的，畢竟就一個江湖人來說，南宮昶也算得上滿腹經綸了。可是距離琴棋書畫、詩詞歌賦無一不精，實在還有很大的差距，撇開棋藝不談，南宮昶音律粗通，書畫稍識間架，詩詞勉勉強強，歌賦就不用提了。可是做父親的不肯面對現實，她當人家女兒的，總不好扯父親後腿吧？她在心底輕嘆一口氣，一看棋局，果然父親才開局沒多久就又腹背受敵，慘不忍睹。

算了！不管他，反正老爹就算再輸幾百局也不會認清現實，她還是跟展令揚繼續剛才的話題，以免看父親下棋看到捧腹大笑，落了個不孝的罪名，之前看的那一局她可是忍了好久，才沒大笑出聲的。

「展大哥，我剛剛說的對不對？」南宮彤將一杯茶彈向展令揚面前，順利引起他的注意。

展令揚斜身一側，右手食指、中指伸出，輕輕巧巧的挾住茶杯，一飲而盡後才道：「彤妹說的很是。這宦官亂政，在有明一代可以說是最為嚴重，其中魏忠賢更是一個大大的禍根。」

南宮彤點點頭：「沒錯。但是我卻不解，何以洪武帝廢相，也被大哥列為明初後患無窮的敗政之一呢？」

展令揚略一沉吟，道：「就我所知，丞相的存在，一向有與君權相互制衡的作用，因此如果遇上帝王昏庸，朝中若有賢相存在，朝政也不至於一時之間敗落，當然，如果文臣之首是奸相自然就又另當別論。可是呢，太祖因為猜忌群臣，同時為了獨攬大權，就藉由丞相胡惟庸勾結海盜謀反之事，罷去中書省，廢除丞相一職，集朝政大權於一身。太祖雖然疑心病重，但還算英明睿智，可是他的後代子孫未必個個都如他一般，大權既然獨攬，皇帝獨裁專制，朝中無人能與之制衡，如果君王昏庸怠政，就容易導致大權旁落，如果大權沒有旁落，那也會造成朝中行政無法運轉的弊病。」

「啊！因為明代君王信任宦官，如果大權旁落，自然容易落到皇帝親近的宦官手中，莫怪明朝宦官為禍如此之烈了。」南宮彤恍然大悟的說。

「是啊，如果朝中大臣想要把持朝政，也需要和皇帝的近侍打好關係才行，比如世宗時的嚴嵩、嚴世蕃父子倆，就是大大的奸臣，他們父子能把持朝政二十多年，除了迎合世宗喜好神仙的興趣之外，也是與朝中宦官相互勾結，方能有如此勢力。」

南宮彤不解的問道：「這嚴嵩不是內閣*首輔嗎？他既已位高權重，又何須勾結宦官？」

放大鏡

*什麼是內閣呢？簡單說，它可以算是皇帝的顧問團。明代初年的中央政府，自從廢除丞相之後，皇帝集政務於一身，便設立殿、閣大學士來替皇帝做一些文書工作，兼任行政顧問，有點像現在的祕書。成祖的時候，大學士可以參與國家機要政務，因此正式有了內閣的稱呼。仁宗以後，明朝的皇帝大多不親理政事，所以內閣的權力漸重，制度也越來越完備。可是內閣大學士對政務沒有決定權，只有「票擬」之權——就是把對政務應如何處理的意見，寫在小紙條上，貼在奏章上一起呈給皇帝。政事的決定權都還是握在皇帝手中，所以內閣大學士跟丞相還是不同的，他的權限遠比丞相要小得多了。

「沒錯，他是內閣首輔，但首輔畢竟不是丞相，權力再大也沒有決策之權，如果不和內廷宦官勾結，他的諸多決議都是無法實行的。」展令揚微笑的說。

南宮彤茅塞頓開的說：「喔，所以說萬曆帝長期怠政，導致整個國家行政機關的運轉停滯，都是因為內閣首輔沒有行政權使然囉？」

「嗯，萬曆帝在位四十八年，其中有將近四十年沒有上早朝，也不面見大臣，不批奏章，導致各項政務幾乎停頓。他不想理會朝政，大可任命賢臣，可是他人懶卻偏偏要獨攬大權，就算不做事，也要把大權牢牢握在手中。這樣一來，需要皇帝同意的事通通不能辦了，各級大臣不論為政好壞，盡皆無賞無罰，就連官員有缺，萬曆帝也一概不理，導致群臣也跟著怠惰，更嚴重的就大肆魚肉鄉民了，黎民百姓從此受災。」

「四十年！」南宮彤為著這個數字咋舌不已，道：「這個皇帝在位這麼久，還真是大明朝的災難。」

展令揚點頭道：「可不是嗎？要不是大明朝後來的幾個皇帝實在太過不像樣，致使晚期宦官亂政，權奸作亂，朝中劣幣驅逐良幣，中原的錦繡河山也不會落入滿清韃子手中。」

南宮彤將他們所談論的事，從頭至尾細細思量一遍，道：「大哥所言果然不錯，前朝末年之所以朝政敗壞、黨爭不斷導致民生凋敝，流寇四起，確實是在立國之初便已種下惡因了。」

「從張居正下臺以來，朝臣為了爭奪權位，相互間結黨互鬥，循環報復，因此動搖國本，忠臣被斥，奸佞盈朝，大明朝焉得不敗？」展令揚不勝唏噓的說。

「依我看來啊，大明朝的皇家血統裡，英明睿智這些因子都沒有傳給後代子孫，倒是剛愎自用、疑神疑鬼通通傳下來了。」南宮彤嘲弄的說。她雖對經史沒有多大涉獵，但日常聽得父母談論，對明朝君主的素質，實在是只有搖頭可以表示她的看法。

展令揚聞言不禁呵呵笑道：「彤妹還真是快人快語。」

他笑聲未歇，忽然間臉色一變，手中茶杯往東方激射而出，只聽得一聲悶哼，之後一個男子大聲喝道：「圍起來！」

2 變生肘腋

隨著一聲大喝，一群清兵蜂擁而出，一瞬間已將涼亭附近地域團團圍住。其時南明的勢力雖已敗亡，但鄭成功打著「反清復明」的旗號據守臺灣，江南諸多反明勢力也尚未剿平，滿清政府對江南地區一向戒慎，同時深知史可法在漢人心中的崇高地位，因此早就派人守在梅花嶺，前明餘孽不來弔唁便罷，否則來多少抓多少，絕不錯放。

也是亭中四人各自心有專注，否則依四人武功，大軍掩至時就算再小心萬分，也絕不能毫無知覺。但四人一身武功，面對圍捕也絲毫不懼，如果是千軍萬馬，要想脫逃自然不易，但眼前兵馬不過近百，要想困住四人又如何能夠。

「南宮老弟，我看你這局棋又是輸定了。」宋尚白絲毫未將清兵放在眼裡，只是忙著嘲笑南宮昶的棋藝。

南宮彤看大隊清兵來此，心中雖然不懼，但心念一動，對南宮昶等人說道：「爹，宋世伯，我瞧清兵早已在一旁窺伺許久，我們的動靜他們大概都看在眼內。以彼我之勢看來，憑我們四人要衝出包圍自然不難，但不知棲真師太方才離開之時，是否有遇上清兵？如果遇上了，她一個不會武功的弱質女流，只怕逃脫不了清兵的追捕。」

「哎呦！」宋尚白一拍大腿，如夢初醒的道：「賢姪女說得不錯，令揚，你快前去接應，如果棲真師太為人所俘，你務必要出手相救。」他與李香君雖然沒有交情，但敬重她生平行事，因此非得伸出援手不可。

「彤兒，以展賢姪的武藝，他一人前去本已足夠，但他畢竟是男子，與師太男女有別，多有不便，妳與展賢姪一同前往，這裡就交給我們兩老來對付便是。」南宮昶與復社關係親厚，李香君與復社又大有關聯，他自然不能袖手旁觀。

展令揚與南宮彤對望一眼，兩人均想：假若他二人離開，自然會引來部分清兵追捕，如此一來既可分散清兵之勢，又可相救李香君。因此兩人二話不說，以絕頂輕功飄然出亭，衝入清兵包圍之中，順手擊倒數人，身形幾個起落，便已在包圍之外，果然引得一批清兵前來追捕。

兩人足不停步，引著清兵向前直追，南宮彤回頭一望，見一隊清兵聚在一起，她凌空躍起，右手微揚，使出一招天女散花，將迷藥灑出，一票清兵盡被迷得昏暈在地，無力追趕。

「哪裡來的迷藥？」展令揚問道，他不以為南宮昶會讓女兒隨身攜帶這樣的物品。

南宮彤俏皮一笑道：「前日夜裡有個小賊想要用藥迷昏一對美貌母女，被我瞧見了，劫下他的迷藥來，隨手放在懷裡，今天正巧用來對付這群官府走狗，替那個小賊做做功德囉。」

兩人說話間並未停下腳步，轉眼奔出十餘丈，正在思索李香君會從哪個方向離去之時，就看見兩個清兵一前一後押解著一個灰衣打扮的女子，看那形貌正是李香君無疑。南宮彤與展令揚交換了一個眼色，展令揚身形一動，撲向壓後的那名清兵，原擬一掌將他擊倒，不意這名清兵身形一側，竟避過他這一掌。

展令揚沒想到清軍之中竟有人能避過他一掌，好勝心起，又是一掌拍出。那名清兵雖僥倖讓過一招，但畢竟不是展令揚的對手，見他這一掌來勢猛惡，又想側身讓開，展令揚哪容他再讓過一掌，啪一聲，一掌擊在那清兵胸口，那清兵被這一掌之力震得飛出數丈，立時昏暈。另一名清兵見展令揚如此威勢，早嚇得屁滾尿流，南宮彤趁勢拉過李香君，伸指點中那清兵的淵腋穴，清兵身子一麻，登時昏暈倒地。

解決了清兵，南宮彤替李香君卸下綁縛，見李香君微有昏厥之狀，她連忙伸指在她人中按了幾下。李香君睜開雙眼，見是方才亭中那對少男少女前來搭救，微笑道：「多謝兩位施主相救，貧尼永感大德。」

「師太說哪裡話來，濟危扶傾原是我輩俠義中人分內之事。」南宮彤一派老成的說著江湖上的套語，令李香君和展令揚都不禁莞爾。

南宮彤眨眨眼，道：「怎麼？難道我說的不對嗎？我瞧爹爹都是這樣跟人說話的呀。」她聳聳肩，笑著向李香君說道：「算了，不討論這些沒相干的事。師太，您要往哪裡去，讓晚輩護送可好？」既然李香君已經被清兵盯上，單獨一人行走便太過危險。

李香君也知道其中的難處，她略一沉吟，道：「兩位施主有此厚意，貧尼自是感激不盡，只是太過麻煩二位，又不知亭中那兩位施主是否安全？」

「這倒不用擔心，家父和宋世伯都是一等一的武功高手，絕對不會有事的。」南宮彤信心滿滿的說，展令揚也一臉無庸置疑的表情。

李香君見兩人成竹在胸，也不再多慮，引著二人前往她借宿的尼庵。行不多時，尼庵已然在望，李香君溫文的說道：「多謝兩位相助，請進廂房略用清茶、齋飯，讓貧尼略盡心意。」

展令揚正欲出言推卻，忽然一隻白色文鳥飛來，停在他肩膀上，南宮彤知道那是宋尚白傳訊之用，連忙將文鳥足上的信箋取下，遞給展令揚。他看過之後，也不寫回信，手臂一振，讓文鳥飛回去報信，轉頭說道：「師父和南宮世伯已經離開梅花嶺，但師父說清兵盯上了師太，只怕會到尼庵來擾亂，要我們在此相助，確定師太安全之後，再回去找他們兩位老人家，如果找不到就各自遊山玩水，回山之後再見。」

南宮彤拍手笑道：「那可好得很，我正怕爹爹拖我回山，而且我有好多問題想向師太討教呢！」

李香君原本不欲多提舊事，但既蒙兩人相救，情感上便親近了幾分，又見兩人雖然年輕，卻是質兼文武，品貌出眾，如能警以前明舊事，未必無補於世，因此心態便與先前不同。此時聽到南宮彤天真的笑語，她溫婉的說：「姑娘有事相詢，貧尼自當知無不言，言無不盡。兩位就請入內奉茶吧！」

李香君先領著兩人去向庵中住持說明原委，之後帶著他們到一間乾淨的廂房，親自搧爐、煮水、溫壺、沖茶，當李香君沏茶之時，廂房內檀香細細，茶煙裊裊，竟無人發出聲響。

南宮彤見了李香君泡茶時那嫻靜溫雅的神情，滿肚子的問題竟然說不出口，只是愣愣的坐在一旁。展令揚素來持重，見李香君與南宮彤都不言語，他便也不發一語，靜靜的坐著。

沖好茶之後，李香君將兩杯茶端放在兩人面前，笑道：「兩位請用。」

這一笑真箇是笑靨如花，南宮彤不禁為她的風姿神韻著迷，呆呆的道：「師太當年真不愧為花中魁首，一身緇衣也不掩天生風華。」

「彤妹，妳怎麼 —— 」展令揚聽南宮彤出言冒昧，立即出聲喝阻，南宮彤驚覺失言，羞得滿臉通紅。

李香君笑道：「無妨的，你們無須過度拘謹，就當我是家中長輩，想說什麼就說好了，如果我介意這些，就不會答應要言無不盡了。我也知道你們對我的過往必然十分好奇，這些事就算跟你們說，其實也沒什麼關係。」她怕兩人感到拘束，便不再自稱貧尼，對南宮彤和展令揚也不稱呼施主。話雖如此，但南宮彤還是覺得萬分尷尬，為了讓她好過些，李香君反而自己說起往事來，從她如何流落煙花，如何與侯朝宗相遇，如何受奸人迫害，又如何看破世情，將前塵種種一一娓娓道來。雖然只是說個大概，但她遭際之奇，已聽得兩人感嘆連連。

展令揚聽李香君訴說前事，對明末朝政之敗壞驚心不已，他不禁問道：「前明末年朝政究竟敗壞到什麼地步，師太是經過之人，不知可否告知？」

「敗壞到什麼地步？唉，自然是敗壞到無以復加的地步了。朝堂之中黨同伐異，根本沒幾個人把國計民生放在心上。」李香君幽幽的嘆了口氣。

「方才我與展大哥討論，說到明末的黨爭，和明初廢相跟寵信宦官很有關係，不知道師太以為如何？」南宮彤見展令揚問了這樣嚴肅的問題，連忙把之前討論的結論端出來，希望能稍補之前的言語無狀。

李香君點點頭，道：「難得兩位如此年輕就有這等見識。不過這件事情說來話長，既然我們有緣在梅花嶺上相見，不如跟你們說說史大人的生平事蹟，對前明的覆滅，也能有所了解。」李香君頓了一下，像是在思考應該從哪裡說起，她略一思索，問道：「兩位可知道史公可法師從何人？」

對之前的冒犯兀自耿耿於懷的南宮彤連忙搶著回答：「我曾經聽爹爹說過他是左光斗左大人的得意門生。據說左大人在童生考試中，取中史可法為當年順天府之首。」南宮彤對先賢雖有敬重之心，但大人來某公去的，對她而言實在拗口，所以她和父親談論起來，總是不顧禮數的直呼其名，積習之下在李香君面前竟也直呼先賢名諱。

「是的。史大人他原本也算是個世家子弟，先祖在明朝開國之時曾立下不少汗馬功勞，因此封有世襲錦衣衛的功名。他祖父史應元，在萬曆年間中過舉人，出任過知府，是個愛民如子的好官，也做了不少有利人民的事。在那個無官不貪的世道裡，史應元能夠做到清廉自守已經是很了不起的事，還能為人民做下一些好政策，更是難能可貴。史大人他為官公正廉明，可以說是頗有乃祖之風，不過，雖然祖父對他的生平行事頗有影響，但真正對他立身處世起了典範意義的，其實是他的恩師左光斗。」提到東林黨*的先人，李香君不禁想到繼

放大鏡

＊東林黨是什麼呢?它的形成要從萬曆年間說起，因為明神宗遲遲不肯立皇長子朱常洛為皇太子，想立鄭貴妃之子朱常洵為太子，但這樣的行為並不符合古代的禮制，所以有一個叫顧憲成的大臣針對這件事情一再向皇帝上諫，惹得皇帝不高興，於是被削職，罷歸鄉里。顧憲成歸鄉之後，就在無錫的東林書院講學，以君子自居，以道學救世，評論時政，有一部分的朝臣和他相應和，但忌諱他們的人也很多，就稱他們為東林黨。

承東林遺志的復社，不期然思及她的摯愛侯朝宗，令她心中一慟，口中敘述的舊事不由得停頓下來。

展令揚見李香君神情有異，他接過話頭，道：「晚輩曾聽家師說過，左大人在童生考試取中史大人之後，因為見史大人家中貧困，就把他安頓在自己家中，每個月還給他銀錢米糧，好讓他可以奉養父母。師生之間的感情相當深厚，每當左公辦公餘暇，都會和史大人談古論今，縱論天下大勢，談到憂國憂民的情懷，兩人更是契合不已。」

「是啊，這事我也聽爹爹說過。爹爹還說過一件挺有趣的事，說是那時候史可法不過二十出頭的年紀，稚氣未脫，有一次居然偷偷的把左光斗的官服穿在身上，大概是想試試自己穿起官服有沒有官樣吧？誰知正巧被左光斗給瞧見了，史可法窘得不知道怎麼辦才好，左光斗卻是笑著對他說：『穿這官服又何足道哉，將來你可是要披上宰輔的紫羅袍的啊。』左光斗的肚量，師生間的情誼，還真是教人讚嘆呢！」南宮彤說到這裡，笑著對展令揚說：「展大哥，如果哪天你穿了宋世伯的衣服，你猜他會怎麼說？」

展令揚被南宮彤這個問題問得一愣，一時不知如何回答才好。南宮彤見他認真了起來，不禁笑道：「我想宋世伯的衣服，大哥你是穿不下的，宋世伯身材矮矮小小的，大哥卻是高頭大馬，要是穿了世伯的衣服，只怕把它撐破了，到時候世伯只好罵你故意撐壞他衣服了。」

南宮彤天真的笑容，清脆的笑聲，讓李香君不由得憶起自己年少之時，那時雖然身在青樓，但也確實有過一段青春無憂的歲

月。思及此，她不禁在心中暗暗嘆氣，想起當日欲削髮為尼時，師父說她塵緣太深，不適合出家為尼，因此只讓她帶髮修行。當時她對師父的話還不以為然，可是今日她一再觸動心緒、念及舊日情景，可知師父當日所言不虛了。

「師太，左、史兩位的師生情誼雖然令人稱道，但是您又何以說左光斗對史可法來說，其實具有典範的意義呢？」南宮彤不解的問。

「左大人生平行事剛正不阿，在他的身教之下，史大人自然深受影響。左大人那時身在朝中，行事忠義，與東林黨人聲氣相通。當時光宗登基一年便即崩殂，左大人與當時朝中耿直大臣楊漣等人，為了排斥宦官的勢力，竭力扶持幼主即位，是為熹宗，也就是後來所謂的天啟帝。

熹宗即位之後，東林黨人因為扶持幼主有功，頗為得勢，於是盡斥朝中非東林黨人。」

李香君說到此處，語氣中卻殊無振奮歡悅之感，南宮彤不禁感到怪異，問道：「師太，東林黨人盡屬忠良之輩，東林黨得勢，盡斥朝中奸人，那不是一件好事嗎？您的語氣怎麼一點都沒有歡娛之意呢？」

「東林黨初立之時，自然多有忠義之輩，但成立既久，或許有些人是為了依附他們的威勢打擊政敵，那就不見得都是出於忠義了，只怕其中也有不少利益糾結吧？」展令揚分析道。

李香君點點頭，微笑道：「展公子分析的極是。東林黨自然是因為忠義而結盟，但他們既然得勢，依附過來的，就未必是忠良之輩，其中或許也有奸佞之輩也未可知。否則就算是非東林黨人，也未必盡屬奸佞，一味將人擯斥在外，未免過於專斷。」

南宮彤恍然大悟的說：「我還以為只要是東林黨人，就必然是忠義之輩，原來其中還有這許多曲折。」

「但就算是忠義之輩，因為他人與之並非同黨，就將人排斥在外，貶為奸佞，這樣的做法，未免也太過剛愎自用了。」李香君嘆了一口氣，又道：「如此一來，朝中的非東林黨人，為了保有自身權位，便去趨附日益得寵的太監魏忠賢＊，這就是所謂的閹黨了。」

放大鏡

＊魏忠賢本來只是個市井無賴，因為和人賭錢，欠了太多賭債無法償還，被人一再追討，因此自行閹割，入宮做了太監。熹宗登基時不滿十五歲，他對乳母客氏十分依賴，而這個客氏和魏忠賢之間的關係頗為曖昧，兩人日漸親近之後，魏忠賢便逐漸得到皇帝的信任，因此漸漸掌握了大權。由於熹宗很喜歡做木工，當他做木工時不喜歡有人打擾，每當魏忠賢拿奏章去請他批閱，熹宗便要他「便宜行事」，於是朝政大權便落入魏忠賢手中。

「前明末年的黨爭就是這兩黨在相互攻擊，互相排斥嗎？」南宮彤問道。

展令揚臉有怒色的說：「這兩黨相互鬥爭就已經很慘了，再來一黨還得了？他們為了自己的利益，忙著排斥政敵，循環鬥爭，既無益於國計民生，又虛耗國力，黨爭誤國，莫此為甚。」

南宮彤皺眉道：「但是魏忠賢權勢熏天，不將他扳倒，又如何運作國事？」

「是啊，左大人等當初自然也是如此想法，先除去首惡的勢力，再逐漸整頓朝中風氣，但偏偏時不我與，熹宗對魏忠賢言聽計從，極端寵倖，還讓他掌管獄事，東林黨人要想成事，實在不易。魏忠賢作惡多端，楊漣、左光斗兩位大人私下草擬魏忠賢的罪狀，準備向熹宗彈劾魏忠賢，此事本來應該保密到底，但不知如何走漏了風聲，被魏忠賢得知，魏忠賢既掌廠獄之權，獲悉此事之後，立刻派人將有六君子之稱的東林賢臣一網打盡，下到廠獄之中，嚴刑拷打，硬是要逼迫他們招供說是受了遼東邊將熊廷弼的賄賂，要定他們一個賣國通敵的罪名，順帶要將反對他的勢力連根拔除，用心之險惡，實是毒辣無比。這熊廷弼可是當時鎮守遼東的邊將中，少數能帶兵的人，魏忠賢此舉，根本沒把國家存亡放在心上。」李香君想到黨禍之慘，至今仍是不寒而慄。

當時，六君子楊漣、袁化中、魏大中、周朝瑞、顧大章和左光斗均被逮捕下獄，慘遭迫害。與他們有所交往的親戚朋友，對此事雖感忿忿不平，但為了避禍，又有誰敢前去搭救探視？而且閹黨眾人防範甚嚴，等閒之人也無法靠近。六君子被關

到廠獄之中，遭受到炮烙的酷刑，均被折磨得不成人形。史可法得知老師被捕，想到閹黨行事之狠毒，心中無比憂急煎熬，但偏又無計可施。有一天，他聽說左光斗遭受了炮烙之刑，酷刑之下，隨時有性命之憂，史可法得知此訊，更是坐臥不寧，急切的想要見老師一面，他不怕惹禍上身，只怕老師冤死獄中，從此天人永隔。可是牢網看守甚嚴，他一介肩不能挑、手不能提的書生，又如何能夠突破看守，進到獄中探視？儘管進去了，只怕也難以全身而退。但史可法與左光斗師生情篤，在噩耗連連之下，他想見老師一面的心念只有更加強烈。

　　終於，他想方設法的湊足了五十兩銀子，拿著這些錢去賄賂看守的獄卒，聲淚俱下的懇求獄卒，求他讓他進牢裡去看左光斗最後一面。那獄卒看在銀子的分上，又被史可法的赤誠所感動，總算允許了他的請求，但獄卒也怕如果被人發現，只怕連他也脫不了干係，於是就把史可法扮成清除穢物的人，要他換上破衣草鞋，背上揹著一個竹簍，手裡拿著長柄鉤鏟，讓他跟在後面，小心翼翼的混進監獄裡。

一進那黑牢之中，濃濃的霉味撲鼻而來，牢中幽深陰暗，雖然點有燈火，但搖曳的火光不僅無法為此地帶來光亮溫暖，反而增添幾許陰森詭異的氛圍。史可法一想到老師身陷此地，不禁悲從中來，眼淚直欲奪眶而出。

那獄卒帶著史可法往獄中深處走去，小心的將左光斗所在的牢房門打開，並指給他看。史可法順著他的指引看去，只見左光斗席地而坐，身體無力的倚牆而立，面容被炮烙得焦黑潰爛，五官完全無法辨識，左腳膝蓋以下，筋肉肌骨盡皆脫落。史可法見狀，心中傷痛到了極點，他向前一撲，跪倒在左光斗膝前，抱著他的膝蓋嗚嗚咽咽的哭了起來。

左光斗聽到哭聲，認出是他的得意門生史可法。左光斗的五官已被烙得面目全非，眼睛無法睜開，他顫巍巍的伸出手，用力的撥開眼皮，雖然被折磨得不成人形，但他的眼神仍舊是閃耀如電，明亮如火炬。他目光炯炯的看向史可法，怒氣勃發的說：「混帳！這裡是什麼地方，你居然不顧自身安危的跑來？國家大事敗壞到這種地步，正需要人才來整治，老夫這一生已經算是完了，你正當盛年，竟然如此輕賤自己的性命，昧於事理，不明大義之所在，如果你有個三長兩短，那麼天下大事還有誰可以支撐呢？

你如果不立刻離開，那與其等到奸人羅織罪名，傷害你的性命，不如我現在立刻把你打死，倒還乾淨！」話才說完，左光斗就伸手摸索著地上的刑具，拿起銬鐐，作勢要擊殺史可法。

左光斗一番義正詞嚴，說得史可法慚愧不已，低下頭不敢作聲。史可法見左光斗拿起銬鐐，睜不開的眼睛淚光閃閃，他心知左光斗此刻只想保全他這個得意門生的性命，他難過的向老師拜了幾拜，立刻快步離開。左光斗見他離開，也鬆了一口氣，他知道自己雖然不能活命，但至少史可法還活著，那就好像他也還活著一般。

「聽說史大人日後常常向人提到這件事，每次提到，都忍不住淚流滿襟的說：『我的老師真是忠肝義膽，他的肝肺就像是鋼鐵所鑄，絲毫不為私情所動。』當他後來為了國事辛苦輾轉的時候，每次只要想到左大人的遺言，就會傷心不已，但這些話又給了他無比的力量。後來國勢日壞，朝政越發不可救藥，有些人勸他不如放下這一切，他總是語帶哽咽的說：『我上恐愧對朝廷厚恩，下恐有愧恩師的諄諄教誨！』從這些話看來，史大人的心肝脾肺，真可說是由左大人親自鑄造起來的！」李香君將當時黨禍之慘以及左、史之間動人的情誼娓娓道出，雖然事隔已久，她仍是說得眼中含淚，悲不自勝。

南宮彤與展令揚雖然沒有真正經歷過那樣的歲月，但在李香君跌宕有致的敘述下，也不免心下惻然，南宮彤更是聽得眼眶含淚，一個天真無憂的少女，哪裡想過世間居然有如此之事。

「咦？師太，那時史大人還沒在朝為官嗎？否則閹黨怎麼會放過他？應該是會斬草除根才是啊。」南宮彤突然想到這個問題。

　　李香君倒沒想到南宮彤會注意到這樣的細節，經她一提，她連帶想起一件跟史可法科考有關的事來，於是她說道：「是的，當時史大人還未當官，他雖通過童生考試，但還沒有中舉。記得曾經聽人提起，史大人說過左大人預測他會在卯辰年脫穎而出，當時史大人還不相信，沒想到他在辛酉年、甲子年這兩次的科舉＊

放大鏡

＊明代科舉照規定三年舉行一次，不論是「鄉試」或是「會試」都是如此，按照明代的制度，通常是在子、午、卯、酉年舉行鄉試，在辰、戌、丑、未年舉行會試。應考的考生必須先在各省參加各省的考試，稱之為「鄉試」，鄉試中舉的考生稱之為「舉人」，隔年就要進京城，參加集合考試，叫做「會試」，會試登第的考生就是「進士」。之後，還有所謂的「廷試」，又稱為「殿試」，一般是由皇帝親自主考。附帶一提，我們常常聽到人家說「連中三元」，那其實是指接連在鄉試、會試與殿試中考取第一名。三元，指解元、會元、狀元，分別為科舉制度下鄉試、會試、殿試的第一名。「連中三元」是非常困難的，在整個明代只有浙江淳安縣人商輅在鄉試、會試、殿試連中三元而及第，成為明代科舉史上唯一一人。

考試中都意外落第，一直到丁卯年，也就是熹宗天啟七年應順天鄉試才中舉，而在次年戊辰年的會試中登第而成為進士。丁卯、戊辰，這可不是正好合上左忠毅公的預測了嗎？」

「原來左光斗大人還是個神算哪？真是有趣。」南宮彤笑著說。

展令揚一本正經的說：「這未必要相術算命才會知道，左大人閱人無數，或許在史大人的文章中，他就看出史大人尚有不足之處，所以約莫需要一些磨練才會中舉，如此推算一下，大概也是八九不離十了。」

「哪裡有八九不離十？如果不是神算，哪能如此準確的斷言。」南宮彤堅持認為左光斗一定會算命，睜大眼睛看向李香君，希望從她那裡取得支持。

李香君笑道：「左光斗大人是

否懂得術數之學，我不甚知曉，但這其實也不重要，畢竟無人能為我等解答了。」

「說的也是。」南宮彤聳聳肩，對這個話題失去了興趣，她此刻比較想知道的是史可法入朝為官之後，有沒有成功的把閹黨整倒，為東林黨人報仇，於是她也就興致勃勃的向李香君發問了。

李香君聽了南宮彤的問話不禁失笑，敢情這個小女孩是在聽說書來著？非得要聽到一個惡有惡報的結局不成？如果真是如此，只怕後面的事她一旦聽完，就會對人生失去信心了。

南宮彤見李香君神情帶點憂慮，約略猜中她的心思，便道：「師太是怕後來發展不如晚輩預期會令晚輩失望嗎？若是如此，請師太無須擔憂，晚輩雖然年輕，但也知道世事無常，禍福難料的道理。而且前朝既已亡國，這些舊事說來，自然不會是令人滿意的結局，晚輩心裡是有底的。」

李香君見南宮彤窺破她的心思，便直接說出心底的憂慮：「妳真是聰慧，居然猜中我的心思，我確實是有些擔心，怕這些事說出來令你們對人生失望。雖然我們總是說『善惡到頭終有報』，但人生種種，的確有許多令人憤慨之事，是我們終其一生都看不見所謂『惡報』何在的，生當亂世，更是如此。」

「因果循環，本是如此。師太也不須為此感到灰心，只要我等立身持正，任他世事翻騰又如何，一切盡人事聽天命便是。」展令揚對事情向來沒有曲曲折折的心思，他總認為一件事只要自己用心去做，成與不成都聽憑天命，過程才是他所關心的。

李香君點點頭表示贊同，道：「兩位年紀輕輕卻見識通達，真是難能可貴。」說到這裡，她不禁遙想當年，如果當時他們也有如此想法，今日的一切或許便會不同吧？

3 臨危受命

南宮彤見李香君再次陷入神遊狀態，她也不打擾她，逕自屈指算著史可法登第的時間，丁卯是熹宗天啟七年，戊辰可已經是思宗崇禎元年了呀，這時候難不成魏忠賢還沒遭到報應嗎？所謂「一朝天子一朝臣」，既然帝位已經一番遞嬗，沒道理魏忠賢還能穩穩的作威作福才是。如果魏忠賢有本事把朝政敗壞成這樣，可見他絕對不會是一個有遠見的人，自然不會想到安排熹宗以外的靠山才是。她努力在腦海中搜尋相關記憶，偏偏是一片空白，只記得爹爹曾說崇禎帝剛即位時頗有「中興氣象」，不知道跟魏忠賢的下場有沒有關聯。

她不想打斷李香君的冥想，低聲向展令揚問道：「展大哥，人家說崇禎帝頗具中興氣象，這跟那該死的太監頭子有沒有關係？」

展令揚見李香君神色忽喜忽愁，知道她一定是憶及年少往事，才會有這等神情。如果此時拉回她的思緒，只怕會令她頗感難堪，還是讓她自己回神的好。因此他配合南宮彤的音量說：「是有關沒錯。當熹宗駕崩之時，遺詔由皇五弟繼位，就是後來的崇禎皇帝了。他即位之後，第一個要剷除的就是這個生祠遍布天下，號稱『九千歲』的閹黨首領。在逮捕並解送魏忠賢上京的途中，魏忠賢知道自己的死期已到，便在路上自縊而死。他自尋了斷，算是死得痛快了，可是他無惡不作，崇禎帝可不容他死得這麼輕鬆，下詔將魏忠賢分屍，也算是為天下人出了口氣。

「當時崇禎帝除滅閹黨，撫恤東林黨人，許多人都覺得大明朝中興有望，不過很遺憾的，這種中興氣象十分短暫，崇禎帝畢竟還是沒有中興之主的氣魄，更不用說才能了。他雖然比之前的幾個皇帝勤於政事，但是一方面黨爭之局已成，儘管閹黨已經覆滅，皇朝元氣卻已大傷。另一方面，崇禎皇帝疑心病也很重，沒有知人之能，又容易聽信讒言，而且大概即位之初被捧得太高了，他一直以為自己是個英明的君主，相當自以為了不起，一直到死，他都在說『朕非亡國之君，奈何臣皆亡國之臣』＊，根

放大鏡

＊這一句話是崇禎帝面對明末的危局時，最常掛在嘴邊的一句話，當他在李自成的軍隊攻入北京，殺進紫禁城時，他無路可逃，最終在煤山下的一棵樹自縊前，他把他的一頭長髮打散，覆蓋住頭臉，表示無面目見祖宗於地下，在他的遺詔中，還清楚寫著：「雖朕薄德匪躬，上干天咎，然皆諸臣之誤朕也。」意思是說他自己雖然沒什麼德行，但之所以遭到上天的降禍，都是受了大臣的耽誤，依然不覺得自己必須為亡國負一些責任。附帶一提，中國歷代皇帝中，因為亡國而自盡的，崇禎皇帝是第一個，也是唯一的一個。

本不覺得自己有錯。」

南宮彤雖然知道崇禎帝算是大明朝的最後一個皇帝，自然也英明不到哪裡去，但這前後的評價也未免太兩極化了吧？她好奇的問：「大哥對崇禎帝似乎很沒好感，為什麼呢？」

若要提起這件事，展令揚不禁怒從心起，他恨恨的說：「自然是因為崇禎帝不分青紅皂白的殺了駐守薊遼的袁督師了！」

薊遼之地的寧遠城是相當重要的軍事重鎮，這南宮彤是知道的，駐守薊遼的袁督師？莫非是——「難道是那個大大有名的督師袁崇煥袁大人嗎？我一直以為他是被魏忠賢害死的呢！我的天哪！」知道是崇禎帝殺死袁崇煥，南宮彤大抵也了解何以展令揚對這個皇帝如此不以為然了。

大明自從洪武立國以來，一直不信任武將，認為武將一旦掌握兵權，難免會起貳心，但保家衛國又非武將不可，所以通常會派任文官擔任監軍，順便監視武將的行動，這對武官的軍政事務，難免多有掣肘。後來漸漸的不用武將，改派文官擔任守將，可是皇帝的疑心病還是很重，後來連文官也不信任了，又選派親信太監出任監軍。

文官本就不善帶兵，又有不知事理的太監在旁監視造亂，軍政事務自然一落千丈。在諸多文官之中，袁崇煥是少數有治軍長才的官員，在明清爭奪寧遠的無數次戰爭中，明軍幾乎是敗績連連，只有在天啟六年打了一場漂亮的勝仗，而守將正是袁崇煥。當時努爾哈赤率兵十三萬，進攻守軍不及兩萬的寧遠城，明軍在袁崇煥的率領下，將清軍殺得大敗，努爾哈赤更是在這次戰爭之後沒多久便憂憤而死。努爾哈赤

從二十五歲四處征戰以來，戰無不勝，只有在寧遠城一役吞下敗績，可見袁崇煥之能。

「崇禎皇帝是非不分，中了皇太極的反間計，在奸臣的讒言之下，竟將袁崇煥治了謀反之罪，還下令將他凌遲處死，如此自毀長城，妳就可以知道崇禎帝有多麼昏庸了。至於其他用人不明的事，更是不勝枚舉。」展令揚說起這件事來，仍是忿忿不平。

李香君恍神許久，在展令揚憤慨的聲音中終於回神，她聽了一會兒，也了解他們在說什麼，見展令揚這麼激動，忍不住插口道：「展公子所言甚是，然而崇禎帝固然有錯，卻也不能全部怪他，實在是積弊已久，憑他一人之力，又如何扭轉乾坤。我曾看過一篇闖軍所寫的檄文，其中有一句話，深刻的說明了當時朝廷君臣的弊病，公子可有意聽聞？」

展令揚雖然因為袁崇煥之死，對崇禎帝頗感不滿，但他生性寬和持正，李香君的說法他其實也是明白的，只是說起這件事來還是忍不住憤慨。這時聽了李香君的話，心情立時平和，對她所說的檄文頗感好奇，當下道：「願聞其詳。」

李香君微微一笑，對展令揚的態度十分讚許，又見南宮彤也是一臉興味，便輕聲吟誦道：「君非甚惛，孤立而煬蔽恆多；臣盡行私，比黨而公忠絕少。」＊

南宮彤和展令揚聽了此語之

放大鏡

＊你想知道這幾句話的意思嗎？這樣你就可以和男、女主角一起思考這句話的意思囉。其實這句話的意思也不難懂，把一些字詞弄懂，你就可以輕易讀懂它了。這裡的「惛」，指的其實就是「暗」的意思，表示昏庸。「煬蔽」就是遮蔽，「比黨」，就是指結黨營私，前面一直提到的黨爭，就是指這個意思，「公忠」自然是和「行私」相反，表示忠心國事，認真工作，所以這幾句話的意思就是說：「皇帝不是極度的昏庸，可是卻被群臣蒙蔽，對於國家百姓之事，有太多的盲點；大臣幾乎都忙著鑽營私利，真正忠心為國的少之又少。」

後，低頭沉吟，細細尋思話中之意。

「不管崇禎帝是不是極度昏庸，史可法史大人對他其實一直都有著感遇之情，一方面因為他肅清了閹黨，算是間接替他報了師門之仇，另一方面也因為當時他廷試之時，是由崇禎帝親自主考，讓他成為名副其實的天子門生，所以他對崇禎帝是終生感念的。」李香君在他們思索時輕聲說：「史大人考中進士之後，仕途算是頗為順遂，先是被派任到西安府去做推官，做了三年，由於他勤政愛民，做出了不錯的成績，既救濟災荒，又整頓了盜寇，撫恤百姓，政績卓著，所以在文官的考銓中，他以最優等的成績，被召進京城，擔任戶部主事，又升為戶部員外郎，一路直升到山西司郎中。」

李香君說到這裡，頓了一

下，有些感嘆的說：「史大人這樣的官運亨通，如果是在太平盛世，不知道要羨煞多少人，不知道可以做出多麼傑出的治績來。可他偏偏生在這樣一個衰世，從他當官到屢屢升遷的這幾年間，國家的情勢又不知道變了幾變。清兵的聲勢越來越盛，有好幾次都攻到京城近郊，大肆劫掠而去。守邊的將帥，因為皇帝的多疑猜忌，能用的也殺，不能用的也殺，整個邊防根本是不堪一擊。可是為了防禦邊疆，只好多派兵駐守，可是兵員多了，軍餉又是一個問題。要知道明朝的國庫本來是豐盈的，可是明朝的皇帝都有些守財奴的個性，據說萬曆帝寧願把庫銀放到霉爛了，也不肯拿出來發放軍餉，再加上太監、權臣的中飽私囊，府庫老早就空虛了，軍餉根本籌不出來，只好一直向人民加稅，可是這一加稅，都往窮人身上橫徵暴斂，於是本來就很嚴重的流民問題，變得更加嚴重，再加上連年的天災，官員的剝削酷虐，終於流寇四起，讓整個大明朝內憂外患，焦頭爛額。在這種情況下，史大人在戶部管的正好是餉銀的問題，一團爛帳，讓他如何理得起來？」

「吏治敗壞，真不知害死多少百姓。」展令揚拳頭緊握，咬牙切齒的說：「當時因為府庫空虛，崇禎帝曾派人向大臣募捐軍餉，可是到了這要錢的時候，這些大臣們個個呼天搶地的喊窮，最後才勉勉強強的捐個兩三萬兩，以表『赤誠』。可是聽說當闖王入京之後，向眾臣、宦官拷掠贓款時，從那些哭窮的大官、太監身上，拷打出來的銀兩，少則數十萬兩，多則上百萬兩，那些民脂民膏，當初不知用怎樣殘酷的手

段，從人民身上剝削得來，這下在這些流寇更狠辣的手段下，一兩一兩的吐了出來，這也算惡有惡報了。」

「傳說當時李自成的大軍從北京城敗逃的時候，帶走的金銀珠寶數量多到令人無法想像。」李香君淡淡的說。

南宮彤聽得皺眉，道：「我真是不能理解這些大臣腦子裡到底裝些什麼，明明有錢可以捐輸救急，為什麼硬是不肯拿出來？難道國家滅亡了，他們還有命在嗎？沒命了要怎麼去享用那些錢財？怎麼一點遠見都沒有？就算只是為了自己的富貴長保，也要保住國家社稷不是？」

李香君不禁冷笑，嗤之以鼻的說：「那些官僚們哪裡管什麼國家社稷，舊朝覆亡了，他們正好趕著向新朝奴顏卑膝，以求一生的富貴太平，所以國家社稷的存亡，根本不在他們的考慮範圍之中。當李自成軍隊殺入北京時，崇禎帝曾在太和殿親手撞鐘，召喚群臣，可是臣僚之中沒有一人來到，大家都忙著要去迎接新君了，哪裡還有人理他？這就是社稷、君王對這些官僚的意義。」

「明瞭這些前明官僚的醜態，更令人感覺到史大人的過人之處，在那個人人以自身利益為優先考慮的時刻，也只有他還以天下大事為己任，孜孜不懈的在努力著。」展令揚由衷的說。

南宮彤大表贊同的點頭如搗蒜，李香君微笑著說：「是啊，當史大人仕途最順遂的時候，他想到的不是如何聚斂財物，而是如何改善國家的處境，要是換了別人，不知道會怎樣想方設法的飽其私囊。當流寇四起之際，朝官一方面大聲疾呼要剿寇，一方面卻壓榨百姓，製造更多的流寇。

到了崇禎八年，流寇侵擾的地方已經遍布陝西、河南、山西、湖廣、四川和南直隸西北各處了。這時，朝廷為了防備流寇，商議重新布置軍略，為了防止流寇侵擾南京，決議要在安慶跟池州一帶增設兵備道。可是決議是決議了，到了要派人前往主持時，滿朝文武沒人肯去做這個差事。史大人知道了，立刻自告奮勇，請纓前往。在艱難的情況下，努力進行他的剿寇大業。」

南宮彤吐吐舌頭說：「這聽起來可真是一件苦差，別說朝中大臣沒有一個人會是他堅強的後盾，不扯後腿就謝天謝地了。而且大明朝哪裡有可用的軍隊？整個軍隊的訓練，戰備的布置，軍餉的籌措，如何做得起來？」

「可不是？但是史大人憑著他過人的毅力和堅忍，硬是咬牙撐了過來。當然憑他一個人的力量，是無法剿平流寇的，可是在他避寇主鋒、攻寇之末的戰略下，倒也打了幾場勝仗，打下一番成績來。而且他堅持與士兵同甘共苦，士兵沒有棉襖穿，他也不穿棉襖，士兵沒吃東西，他也絕不吃東西。睡覺時連被褥也沒有，往往是和士兵背靠背的打盹，稍事休息而已。在剿寇之外，史大人也努力的組織鄉勇，讓他們可以自己防衛家園，不用去依靠不值得信任的官兵，像他曾經在桐城，也就是左光斗大人的故鄉主持建立的桐標營，就是這類鄉勇的自衛組織。兩年的苦苦經營下來，讓史大人的部隊成了南京城上游的重要防衛，連當時南京的大奸臣馬士英，都不敢輕易將他們撤離，因為如果史大人不在，南京就難免流寇的劫掠之禍，那他也沒有安穩舒適的日子過了。」

南宮彤注意到李香君提及馬士英這個名字時，語氣中帶點隱隱的恨意，雖然她已極力表示冷靜淡然，但還是洩露了些許心意。南宮彤此時並不知道這個馬士英曾經有意強娶李香君為妾，也不知道他是閹黨餘孽，當然更不知道他與明末存亡有著莫大的牽連。

展令揚聽了李香君的敘述，想起師父曾經提過的一件事，道：「師太提到這個桐標營，晚輩想到家師曾經提及史大人防守六安時，也曾建立一個六安營，當時他修建六安城時，因為經費不足，他連自己的薪俸都補貼進去，真箇是愛民如子。可是儘管他如此公忠體國，清廉自持，崇禎帝居然還是對他有所懷疑。當史大人的父親因病過世，他要回天津奔喪時，崇禎帝派了太監在路上等著他來路奠，等史大人到了，太監打開他的行李檢查，除了奠儀、輓聯之外，也沒多少值錢的東西，崇禎帝這才相信他是真的清廉。」

「崇禎皇帝還真不愧是明朝的皇帝，慳吝又好猜忌，剛愎自用又凶狠殘酷。他如此行為，豈不是令大臣心寒嗎？該懷疑的他不去懷疑，偏偏懷疑這些真正為國做事的忠臣，換作是我，才懶得替他賣命呢！」南宮彤不悅的說。

展令揚笑道：「史大人為國為民，哪裡會將一己榮辱放在心上呢？要換作是妳啊，我們今天也沒這些事可以追述了。」

「要我為了被後人追述感念而受這些閒氣，這我可做不來！」

「史大人當時也沒想過要人追述感念，他只是在做他覺得對的、該做的事罷了。如果他真要人感念，反而不會有這番行事

了。」李香君低聲輕嘆：「知其不可為而為之，古來受人敬重的賢人不都是如此嗎？」

力挽狂瀾

「史大人的父親過世，按照禮制，他必須為父親守喪三年*，三年之間無法居官任職。原本崇禎帝希望他移孝作忠，奪情任用，可是史可法堅持要為父守喪，崇禎帝也不好勉強。三年服滿之後，朝廷立刻任命史可法為戶部右侍郎，要他總督漕運，巡撫鳳陽、淮安、揚州三地。」

展令揚聽了不禁皺眉，道：「漕運可也不是好處理的工作呢！漕運負責將東南地區的豐富物資，透過運河運送到北京的重

放大鏡

＊根據舊時禮制，父母之喪，子女必須守喪三年，在這三年期間，必須在家中深居簡出，謝絕應酬，不得任官、應考、嫁娶等。而後面所提到的「奪情」，指的是皇帝對某位大臣十分倚重，儘管大臣應該守喪三年，皇帝卻希望他出來任官，因為守喪三年是人之常情，所以皇帝要臣屬縮短守喪時間，就稱之為「奪情」。這種舉動，通常都出現在十分重要的官員身上。

要工作，基本上算是肥缺，當時的官員大多貪贓枉法，導致漕運每每誤期，史大人負責這件工作雖是再好不過，但其中的艱難，可不在剿匪之下。」

聽了這許多官僚誤國的氣悶事，南宮彤沒好氣的說道：「如果真要認真做事，前明末年有什麼工作是容易處理的嗎？搞不好只有貪汙是最容易的事，反正大家都在貪。」

李香君聞言笑道：「話雖如此，但史大人還真把漕運給振興起來了，不僅裁汰了失職的官員，還對運河展開疏濬的工作，力加整頓，漕運立時興盛起來，出現許久未見的興盛氣象，而且由於有他鎮守在淮河邊上，等於無形中為東南部立下一個屏障，因此儘管流寇勢盛，卻始終沒有辦法越雷池一步。往後兩年，原本朝廷有意升任他做鳳陽總督或

兵部尚書，但是因為知道漕運少不了他，所以終究沒有將他改任。」

展令揚聽到這裡，難掩崇敬的讚嘆道：「史大人真是奇才，在那樣的世道之下，處身於那樣腐敗的官僚體系之中，居然能有這等功績，如果得遇明君，不知會做出怎樣不世出的功勳來呢！」

「我倒不希望老天在亂世之中降下這樣的奇才，只希望每個官員都盡忠職守，那就不會有亂世產生了。」南宮彤幽幽的說。

展令揚搖搖頭，道：「那可難了，即便是太平盛世，也難免有貪官汙吏的產生。盡忠職守雖是官員應有的基本素養，但歷代以來，真正能夠做到的人也真的不夠多。」

南宮彤聽出興趣來，趕著問道：「師太，那接下來呢？」

李香君見南宮彤急切起來，

對她微微一笑，慢慢的往下說：「到了崇禎十六年，朝廷將史大人升任為南京兵部尚書＊，得以參與機要政務的討論。不過南京的兵營早就只是一個名存實亡的空殼，毫無戰鬥力可言，史大人一到任，就立刻對南京兵部進行改革，他所提出的改革共有八點，分別針對兵額、士氣、素質、兵餉、戰鬥力等項進行改革，經他一整頓之後，南京才逐漸有可用之兵。」

放大鏡

＊南京的行政地位，在明代來說是十分特殊的。明太祖立國之初，原本是以南京為首都，所以一切中央行政組織都設在南京，但明成祖發動政變奪取帝位之後，由於他原本被封為燕王，封地在北京，南京並非他的勢力範圍，他為了鞏固自己的勢力，於是決意遷都北京。但由於南京是太祖所立的首都，又是祖陵所在，不可輕廢，所以便將南京設為陪都，一切行政制度照舊。於是在官制上，明朝就好像出現兩個中央行政機關，北京有內閣、六部，南京也有，所以這裡說史可法擔任南京兵部尚書，不說他擔任兵部尚書，是因為明代兵部尚書有兩個，南京、北京各有一個。雖然官階相當，但基本上北京的權位還是比較重的，可是南京雖然是陪都，但由於是太祖所立，它的地位又頗為超然，有時可以杯葛北京的政策，是可以和北京相抗衡的。

展令揚左掌在大腿上一拍，伸出右手大拇指讚道：「在不同的職位上，就有不同的治績相應，真是了不起！」此時此刻如果他身邊有酒，立時就要連喝數杯以助豪興了。

展令揚向來沉穩，這時卻聽得豪興勃發，南宮彤知他心意，斟了一杯茶遞給他，笑道：「此處無酒，大哥且以茶代酒，聊表心意吧。」展令揚接過茶來一飲而盡，對南宮彤微微一笑，兩人之間淡淡的情愫不言自明。

李香君溫柔的看著眼前這對少年男女，被兩人似淡實濃的情意所感，不禁在心中虔誠的為他們祝禱，希望他們能一生平順，有情人終成眷屬。

一時之間，三人各自陷入了自己的世界中，無人說話。不一會兒，南宮彤猛想起一件事，忙問：「師太，您方才是不是提到崇禎十六年？那不是大明朝滅亡的前一年嗎？」

「是啊。」李香君無奈的說：「當時南部由於有史大人改革坐鎮，基本上還算穩定，但是北方早就亂得天翻地覆了。」

南宮彤和展令揚相視一愣。真是搞不清楚狀況，大明朝都要滅亡了，還豪興勃發個什麼勁啊？真是太沒有身為遺民的自覺了。雖然他們也從來沒有以明朝遺民自居就是了，他們是江湖散人，不奉朝廷正朔的。

李香君對兩人的反應沒有多說什麼，她只是語音平穩的接著說道：「當時，不論是流寇或是清軍，都勢如破竹的往北京城進攻，寧遠守將洪承疇兵敗降清，使得清兵與北京城之間的防護，只餘山海關一個孤單的防衛，劫掠大明朝如入無人之境。同時李自成率領的大順軍更是一城破一城，積弱的明軍根本毫無招架之力，只有在寧武關遭遇到比較頑強的抵抗，其他的城池不待大順軍攻打，守城將領見闖軍到來，就自動獻城投降，於是大順軍沒多久就兵臨北京城下了。大明朝原本就有如風中殘燭的命脈，在清兵跟流寇的夾殺之下，有如摧枯拉朽一般，立時就要潰散了。」

南宮彤不敢置信的問：「李自成的軍隊怎會來得如此之迅速？」

展令揚道：「這是因為李自成接受一個文士李岩的建議，將原本只是流寇的闖軍整頓成一支義軍，而且又編了許多歌謠四處傳唱，諸如『殺牛羊，備酒漿，開了城門迎闖王，闖王來時不納糧』之類的曲子，造成十分有效的宣傳效果。當時的百姓最苦不堪言的就是朝廷無止盡的徵稅，一聽到不用納糧，無不歡天喜地，而且李自成還明言進城之後，對百姓秋毫無犯，更是迅速的取得了民心，無怪能夠如此快速的從西安殺到北京了。」

「是啊，那時大多對大明朝絕望的義士，都把希望寄託在闖王身上，百姓們也滿心期望，認為只要闖王登基，大家的日子就會好過了，誰知道闖軍入北京之後，居然墮落得如此快速，沒多久就又被清軍逐出北京城了。」李香君對當年三月峰迴路轉的局勢，至今仍不無感嘆。她沉吟了一會兒，又接著說：「身在南京的史大人一聽到闖軍入北京的消息，他立刻召集義師，整頓軍隊，準備北上勤王，誰知道四月初一才誓師出發，前鋒都還沒渡過淮河，就傳來崇禎帝已經在三月十七日自縊煤山的消息，史大人聞訊之後痛哭流涕，傳令三軍為崇禎帝發喪，同時退回南京。當時，吳三桂已經引清兵入關，

將李自成逐出北京城，可是南方還未得到消息，兀自亂著要立一個新帝以穩定人心。」

展令揚略帶質疑的說：「國不可一日無君，如果想要延續大明命脈，光復中原，自然必須有中央政府來凝聚民心，所以議立新君，也不能說有什麼不對，只是我想南京城的官員急著要立新君，未必是為了什麼光復明室的念頭吧？」

李香君口氣沉重的說：「議立新君自然是沒錯，可當時卻有兩個問題，一方面太子的生死不明，如果貿然另立新君，日後難保沒有紛爭。另一方面，閹黨餘孽一心想扶立福王即位，以便挾天子以令諸侯，如果真讓他們得逞，國家大事就不可為了。」

「福王是誰？為什麼不能立他？」南宮彤不解的問。

李香君搖搖頭，嘆氣道：「這

個襲封福王的世子名叫朱由崧，是個只知安逸享樂的庸才，和他的父親朱常洵是一個樣。這個朱常洵是神宗皇帝愛妃鄭貴妃的兒子，神宗皇帝最寵愛這個兒子，當年本想立他為太子，因為東林黨人的反對才沒成功，後來把他封在洛陽。當朱常洵要回他的封地時，神宗皇帝不僅把多年搜刮得來的財物賜給了他，還奪百姓的沃田分封給他，種種恩賜，就可知皇帝對他有多麼的寵愛了。

「崇禎年間河南鬧饑荒，嚴重到人吃人的地步，福王的財產多不勝數，但面對饑荒，他卻不願意拿出一丁點財物來救濟災民，只是每天關在屋裡飲酒作樂，終於引來民變。當流寇打到洛陽城時，守城將領因為長期飢餓獻城投降，福王急忙要逃跑，卻還是被追了回來，流寇們早就對他恨之入骨，見他身軀肥胖肉多，下令把他的肉割下來煮熟，和著鹿肉下酒吃，稱之為『福祿酒』。福王朱常洵是如此，他的兒子也好不到哪裡去，可馬士英等人聽了閹黨餘孽阮大鋮的建議，認為他很好控制，如果立福王為帝，正好可以掌握朝中權柄。」

「已經是危如累卵的國家了，這種大權有什麼好掌握的？真是不能理解這些呆子的想法，我想我這輩子肯定沒有當奸臣的能耐。史大人不是也在南京嗎？難不成他也同意？」南宮彤對這些奸臣的行為真的是怎麼也想不透。

展令揚道：「史大人那時好像不在南京嘛？他在淮北督師啊。可是我知道他堅持福王不可立，希望能立向來名聲良好的潞王朱常芳，不過就繼承的次序來說，福王是在潞王之前的。」

「沒錯，史大人不主張立福王，因為他有貪、淫、酗酒、不孝、虐下、不讀書、干預有司等七大罪狀。當馬士英派人來遊說他共同扶立福王時，他就是以這七大罪狀回應他，並且兼程趕回南京匡扶朝政。可是那時候馬士英聯合了黃得功、劉澤清、劉良佐、高傑等四鎮總兵，搶先一步把福王送到南京城外，並且屯兵江上，用武力威嚇南京諸臣擁立福王。史大人等人無法，只得和南京眾臣一起迎立福王。」李香君和他們討論著這些事情，感覺上就好像回到舊時的南京，在媚香樓裡，和久別重逢的侯朝宗相聚，一起講述、討論世局一般，心裡不由得泛起一股酸酸甜甜的情緒。

南宮彤聽到這裡，無力的垮下肩，道：「結果還是讓那個昏庸的蠢材坐上帝位啦！時局已經如

此敗壞，居然清醒的人還是那麼少嗎？他們是被下蠱還是被人作了法啊？如果我生在那個時代，我一定想盡辦法毒死那些該死的奸臣，我的輕功很好，製毒的本領也很高，我可以……」南宮彤已經聽到咬牙切齒，開始喃喃自語著各種可能的下毒手法：「其實我也不用把他們毒死，這樣會汙了我的手，還造殺業，但是把他們毒成白癡應該是可以接受的，不然毒到癱瘓、中風也可以，再不然就毒到他們得失心瘋，嗯……不過他們大概本來就已經瘋了，以毒攻毒，搞不好會正常點。」

陷入冥思中的南宮彤設想得很樂，沒看到李香君已經當場愣住。她倒沒想到沒有身歷其境的人也會氣成這樣，她還以為她當初痛罵阮大鋮已經是相當憤慨的舉動，沒想到二十年後，眼前這個聽人轉述往事的人居然氣到極點。

「彤妹，休氣，休氣！那都已經是過去的事了！」展令揚拉住已經氣得坐不住的南宮彤，極力安撫她。

南宮彤猛然回神，見展令揚抓著她的手臂，她茫然的看著李香君和展令揚，有點搞不清楚現在是什麼狀況。

李香君見南宮彤的反應如此直率，笑道：「南宮姑娘不是早已知道覆滅是既成定局嗎？怎麼還會如此氣憤呢？」

「知道是一回事，可是真正聽到這些不顧國家百姓的奸臣舉措，還真是叫人無法不生氣呢！」要不是這些人、這些事實在太令人惱怒，她也不會如此失態，她一向是淡然冷靜的。南宮彤嘟著嘴生起悶氣來。

「如果當時像展公子和南宮

姑娘這樣的人多一點，大明朝也不至於一敗塗地至此。」這種話她感嘆了不知道幾千幾百次了。

南宮彤努力讓自己的心情回復平穩，問道：「既然已經立了福王，那閹黨的圖謀想必是得逞了吧？」

「的確是慢慢得逞了。當時依照閹黨的意思，是要立刻讓福王即位，可是史大人認為不妥，想方設法的拖延，於是先讓福王擔任監國，群臣再議論國事。在討論中，史大人和那奸賊馬士英都入內閣輔政，史大人一方面還積極的處理江防要務。閣臣已經確定，但由誰擔任督師淮揚的工作，卻著實鬧了一陣子。原本按照朝臣的決議，是想讓史大人留在朝中，讓馬士英出任督師，這樣對朝政發展也是比較有利的。可是馬士英一心想要進京獨攬大權，哪裡願意到前線去督師，於是他帶兵入京，把當初史大人所寫的七大罪狀呈給福王，又唆使高傑、劉澤清等人上疏催史大人督師淮揚。這樣一來，史大人若是要留在京城，勢必要與馬士英正面衝突，甚至大戰一場，史大人不願多起戰端，又以恢復北方為念，最後便自願前往督師。」

南宮彤聽了拚命跺腳，道：「這樣豈不是養虎為患嗎？他到前線去督師，要是馬士英在京城扯他後腿，他什麼事都做不成，還怎麼收復北方呢？」

展令揚嘆道：「史大人自然也有想到此節，可是當時的局勢對史大人來說其實是很不利的，撇開群臣的優劣不談，光是在上位者的不信任，就夠他頭痛的了。福王對東林黨人本就有疑忌，史大人就算留在京中，也未必能敵得過閹黨的勢力，到前線去至少能為國家做點事。」

「可是江北四鎮黃得功、劉澤清、劉良佐、高傑不都是閹黨人馬嗎？有他們在一旁掣肘，史大人也是很難做事的吧？常言道：『巧婦難為無米之炊。』任憑史大人有通天徹地之能，面對這種內外交迫的局面，只怕也難能成事。」南宮彤絕望的搖搖頭。

李香君道：「是啊，所以史大人為了調停這四鎮，不知下了多大的苦心，只是用盡心思智計，卻也見效不大。在這四鎮之中，以高傑所領的部隊兵力最強，卻最難降伏；黃得功兵力不及高傑，但他的軍隊也頗有戰鬥力，在和張獻忠等流寇的對戰中，曾經立有戰功；二劉所擁的兵力不強，可是貪財好色，仗著有馬士英撐腰，對史大人也頗為不馴。這四鎮將領基本上都是目光短淺的莽夫，放著自己的防區不管，一心都想著要進駐富庶的揚州城。」

「這下可好了，人家清兵都已經要打到門前來了，這些人還只想著要到揚州駐兵，想要得到些好處，真是夠了。」南宮彤對這些人真是不屑到了極點。

展令揚沉吟道：「這四鎮之中，黃得功與二劉基本上都不難擺平，黃得功畢竟是朝廷將領，不至於目無王法，二劉根本不足為懼，最麻煩的，還是在高傑身上，但若能讓他歸順，對江淮防線會是很大的助益。」

李香君驚訝的說：「展公子運籌帷幄，頗有見識決斷，實在是難得的人才。」

展令揚遜謝道：「晚輩只是依情理推測罷了。」

「處事決疑本就必須依情理推測，推測得對，便能定下處事良策，展公子毋須太謙。」李香君笑道：「誠如展公子所言，當時二劉一黃三個藩鎮，在史大人的威勢所懾之下，都已接受史大人的調停，暫時按兵不動。但高傑出身草莽，手握重兵，又覬覦揚州城的豐饒富庶，早就率領軍隊趕到揚州城外，大肆劫掠起來，意欲進占揚州。揚州城的守將與百姓見高傑如此橫蠻，自然不會願意他進城，於是嚴守城門，將大軍拒於城外，城裡城外相對峙起來。史大人為了讓高傑為國家所用，親自到他的營區去勸說他，高傑聽說史大人前來，心裡其實也有點膽怯，當下嚴陣以待。可是史大人只帶了幾個親隨，好言好語的向高傑勸告，高傑大喜過望，認為史大人不足為懼，反而強留他在營中，還派人名為侍奉實為監視的跟著史大人。」

「這個高傑真是膽大妄為，史大人陷在他的軍營裡豈不是很危險嗎？」南宮彤擔心的說。

「史大人見高傑將他扣在營中，他並不感到憂懼，只是一派坦誠的與高營軍士交往。他在營中不論高低貴賤的工作都願意出力，與士兵們同甘共苦，偶爾向他們曉以大義，由於他一片至誠，慢慢的，高營將士居然有不少人都傾向史大人，對他是眾口稱譽。這樣的稱揚傳到高傑耳裡，他不免害怕起來，怕營中軍士的心都歸向史大人，如此一來他以後就降伏不住他們了。於是他不敢再生異心，更不敢再圖謀揚州，聽從史大人的命令，移兵駐防去了。」

「這也算是釜底抽薪之計了。但要是史大人不是肝膽照人，這一計只怕也施展不開來。」展令揚笑道。

「只可惜施展開來也未必有多大用處，自從史大人離開南京之後，南京城裡因為黨爭鬧得亂糟糟的，原本南明＊小朝廷裡還有一些正直的官吏，但都被馬士英等人給排擠出去，朝堂裡只剩下馬士英、阮大鋮之類的奸惡之輩，這對在外抗敵的史大人來說，無疑是雪上加霜。尤其在史大人成功調停四鎮之後，馬士英扯後腿扯得更兇了。」

南宮彤不解的問道：「為什麼呀？他不是需要史大人做北方的屏障嗎？扯人家後腿，人家怎麼帶兵打仗？」

放大鏡

＊明朝在李自成攻破北京，崇禎帝自殺之後，照理說算是滅亡了。但是由於有大臣在南京擁立福王即位，所以一般會將明朝的國祚再往後延，但是為了跟原來的明朝區別，這一段時間的明王朝，便稱之為「南明」，歷史上有很多王朝有類似的情況，比如說周朝就有西周跟東周，漢朝也有西漢、東漢，晉作為統一王朝的時候稱為西晉，偏安江南之後，就改稱「東晉」，宋代也是一樣喔，本來在北方稱之為北宋，偏安南方之後就改稱南宋。南明先後有三個君主，分別是福王、唐王跟桂王，桂王被吳三桂逼死在雲南之後，南明就正式宣告結束。所以一般計算明朝的國祚，有兩種算法，如果以崇禎帝自縊為結束，那明朝就享國兩百七十七年，如果連南明算進來，就是兩百九十五年。我們這本書的算法是哪一種，你有注意到嗎？

「唉，彤妹妳還不懂嗎？這些奸臣根本不管那些事的。那馬士英讓史大人統領四鎮，原意一定是希望四鎮扯他後腿，好讓他趁機削減史大人的權柄。誰知道史大人居然成功收服四鎮，這不得不讓馬士英這奸賊大大提防，畢竟史大人身為兵部尚書，雖然有權無兵，但如果四鎮為他所用，整個情勢就大大不同了。」展令揚冷靜的分析。

李香君點點頭，道：「正是這樣沒錯。那馬士英見四鎮與史大人合作，心中便有所忌，於是開始拖延軍餉。軍隊既然沒了軍餉，任你是百萬雄兵，也難以發揮戰力。於是史大人只好千方百計的籌措軍餉，本來公事就已經忙得他焦頭爛額，再加上籌餉的煩惱，更是忙亂不已。可恨那馬士英，不顧史大人屢屢催餉的奏章，只在南京城中飲酒作樂。有時史大人想到這許多事交迫而來，他也感到十分灰心，他曾說恢復大業明明可期，可是偏偏左右掣肘，就算他憂心如焚也是枉然。儘管如此，當他面對滿清攝政王多爾袞的招降，他仍是絲毫不為所動，表現出他忠於明室的赤誠。」

「唉，唉，唉，滿腔熱血為君為國，結果居然如此，這份付出的忠心還真是一文不值得緊。」南宮彤長吁短嘆的說，道出了三人對史可法一片赤膽忠心的敬重跟惋惜。

5 碧血丹心

窗外的風雪依舊呼呼的吹著，李香君拿火箝撥撥炭火，火光映照得三人的臉色忽明忽暗。史可法的事蹟說到這裡，南宮彤與展令揚也約莫知道接下來會聽到什麼樣的結果。連日來的風雪如晦，讓他們聯想到不見天日的南明政局。連向來喜愛寒冬清冷的南宮彤，都不禁心口鬱悶了起來。

在這樣的氣氛下，李香君緩緩的開口：「其實史大人的用心也不是全然沒有回報的，至少高傑在他的感召之下，從一個草莽之人，變成心懷忠義，一心想為國家做點事的好漢。可惜，由於南明朝廷從成立以來，大權一直落在有心人士手中，不能在清兵還要分心追擊闖軍，尚未大舉南下之際，盡快北伐以求恢復北方，終於錯失良機。清兵終於還是來到黃河天險，就要向南方進逼了。史大人眼看此刻的情勢，認為首要之務，就是要守住黃河南岸，避免讓清軍渡江，否則淮河、長江都難以守住。但前線危機重重，當時又有誰可堪當此重任呢？這時候高傑居然挺身而出，願意帶領軍隊北上黃河南岸布防，若不是為史大人的忠義所感，一個一心想進占揚州的軍閥，又怎會有如此大的改變呢？

「高傑率部北上之後，認真積極的設防。可是當他到達睢州時，卻受了當時睢州守將許定國的欺騙，被誘入城中殺害。許定國殺了高傑之後，便渡河投降清軍，黃河的防線自然就守不住了。」李香君的語氣本想要高昂的振奮起來，可惜當時值得人興奮的事如此之少，高傑出師未捷身先死，這事說出來不僅振奮的成效不彰，反而更增加此方低迷的氛圍。

展令揚沉重的搖頭說：「大勢已去！」

李香君嘆氣道：「是啊，當時史大人得知高傑被害，他沉痛的說：『中原完了！』可是這樣的傷心事，除了真正用心國事的人之外，又有誰在意呢？不但不在意，反而都想趁機吃下高傑的軍隊，好壯大自己勢力。於是江淮防線又是一陣混亂，史大人只好再出面調停，四處奔走以求收拾亂局。」

南宮彤已經氣到無力，完全不想再發表任何意見，但她完全沒想到，當局勢已經如此混亂的時候，南明朝廷居然能再把局面搞得更亂、更令人生氣，讓她不得不佩服這些官僚造亂的本事。

在情勢如此危殆的時刻，南

明朝廷還爆發了三大疑案，分別是大悲案、童妃案、太子案。

所謂的大悲案，是因為一個法號大悲的僧人而起。這個大悲和尚俗家姓朱，潞王因為好佛，所以與他頗為親厚。大悲和尚在甲申年冬天來到南京，當時已經即位為弘光帝的福王認為他是潞王的探子，生怕潞王要奪他的帝位，所以將大悲和尚下到獄中，定成死罪，而阮大鋮等人趁勢欲將東林黨人一網打盡，將許多人都說成是大悲和尚的同黨，欲將東林黨人置於死地，史可法也在其中之列。

至於童妃案則與福王有關，當年李自成攻破洛陽時，福王僥倖逃出，逃到開封時曾與周王府的宮女童氏有染，如今童氏來到南京，福王卻將她打下黑牢，折磨致死，因此引發眾人對福王的懷疑，認為他是為了滅口，才將童氏害死。

南宮彤聽到這裡，忍不住翻翻白眼，冷哼道：「這個福王還真是個色中餓鬼，連在逃難都不忘要姦汙女子，真是無恥！」

李香君聞言淡淡一笑，接著說道：「在這三大疑案中，太子案造成的後果最是嚴重。在乙酉年的春天，有一個北方來的人自稱是太子，這一件事情非同小可，因為太子才是帝位的正統繼承人，可是弘光帝怕自己的寶座不保，二話不說就指稱這個人是假冒的，立刻將他投入獄中。這件事情一發生，真可說是震動朝野，當時鎮守南京上游的寧南侯左良玉聽聞此事後，就打著『清君側』的旗號，率領所部大軍東下，進攻南京。同時，豫親王多鐸率領的強大清軍，在擊潰李自成之後，直抵江淮防線，危機一觸即發，南明存亡繫於一線。」

此刻的情勢萬分緊急，南宮彤與展令揚聽得大氣都不敢喘一下，只聽得李香君語氣輕柔卻帶點恨意的說道：「就在這時候，馬士英居然為了抵禦寧南侯，不顧清兵直逼而來的危局，盡調江北之軍前來南京攻打左良玉。」

聽到這裡，南宮彤整個人都傻了，倒是展令揚還有點理智的說：「寧南侯左良玉據說是東林黨人侯恂一手提拔起來，與東林黨人一向交好，許多為閹黨所害的東林黨、復社中人，大都託庇於寧南侯軍中。寧南侯既然是東林黨那邊的人，他攻進南京，閹黨中人勢必無法倖免，所以馬士英、阮大鋮之輩是寧願降清，也不願敗在寧南侯手中的。」侯恂正是侯朝宗的父親，展令揚提及侯恂之名時，李香君極力持平的心不禁一動。

「可是……可是……」南宮

形氣得說不出話來，她想打人，想把那些萬惡的奸賊抓來千刀萬剮。

「的確。當時史大人接到調江北之兵防守南京的命令時，心中的震驚焦急，真是不可言喻。他立刻上書陳詞，強調就目前情勢看來，清軍不日就要南下，江北之軍決計不可調動，並表示願意親赴左良玉軍中調停此事。但馬士英等人早就存了降清之想，居然公開無恥的宣稱：『跟北軍還有商量的餘地，跟左軍可沒什麼好說的。』擺明是要賣國求榮了。而這等賣國奸賊，竟然還厚顏無恥的指責史大人不忠，說他遲遲不調兵救援南京，根本就是與左良玉共謀，企圖叛國弒君，真是無恥之尤。」李香君恨恨的說。

南宮彤聽聞此事，完全忘了這裡是佛門淨地，氣得拍桌站起，怒道：「這不要臉的奸賊都降清了，還敢這樣大言不慚的亂扣人罪名。既然如此，那索性就做給他看好了，史大人就應該跟左良玉合作，殺進南京去給這些奸賊一個痛快，再廢了福王，另立新君，省得惹氣。」

「這樣說或這樣做是很痛快沒錯，但當時史大人心心念念要抵禦清兵，就是不願調動江北防軍，他怎麼可能調兵去和左良玉合作。」展令揚一針見血的指出當時史可法的為難之處，並冷靜的說：「彤妹，妳太激動了，這裡可是師太的清修之所，妳怎麼火氣還如此之大呢？」

「大哥怎麼還能如此平靜呢？我就是氣不過嘛！」

展令揚沉穩的說：「這些事都已經發生，我們再氣也是枉然，我們所應該做的，是從這些過去的事裡記取教訓，不要再重蹈覆轍，這才是讀史的真諦所在啊，不是嗎？」

話是沒錯，但哪裡能輕易做到那麼超然哪？南宮彤瞄了瞄展令揚，覺得他一定是已經聽過這件事了，不然怎麼可能這麼冷靜，他們也不過才差四歲，修養不可能差那麼多的。

「展公子所言甚是，這道理本是十分淺顯易懂，可惜的是，人們總是一再的重複過去的錯誤，數千年來，不都是如此嗎？」李香君搖頭嘆息。

南宮彤深吸幾口氣，努力讓自己平靜下來，問道：「師太，面對這樣的狀況，史大人又如何取捨呢？」

「這樣一個不忠、謀反的大罪名扣下來，史大人又如何承受得起，儘管明知江北情勢危急，他也只能率兵兼程前往南京救援。大軍才剛趕到燕子磯，黃得功的軍隊就已經把左良玉的士兵打敗了，南京危機既解，馬士英又怕史大人入京不利於他，就急忙下詔命他立刻移防江北，不許進京。史大人原本想趁這次回南京的機會見見母親、家人，但詔命既下，他只得趕回江北移防。這一去，他再也沒有回過南京，再也沒有和家人見面的機會了。」

南宮彤雖然已經大概猜到史可法可能的下場，但仍是艱難的問道：「師太的意思是……」

李香君還來不及回答，廂房的木門便被輕敲了兩下，她起身開門，只見住持在門外面色倉皇的說：「外面來了大隊的清兵，氣勢洶洶往咱們尼庵來了！樓真，妳與兩位施主快快從後門逃走吧！」

此語一出，房中三人盡皆失色。三人完全沒有想到清兵對李香君這樣一個女尼會如此戒慎，竟還調來大批軍隊圍捕。李香君雙眉緊皺，心想因為自己一時疏忽，竟為尼庵招來如此災禍，她一咬牙，凜然道：「禍事既是因我一人而起，我怎可獨自私逃，連累庵中諸位師太。還是請住持帶領兩位施主盡快離開，讓我到前廳去與清軍解釋，或可解得此難。」

李香君一轉身就要向前廳去，展令揚忙道：「且慢！師太就算出面，此事只怕也難以善罷，不過枉自送了性命，於事無補。」

「這位施主可有善策？」住持師太沉靜的問。

展令揚不答，問道：「住持師太，不知清軍來了多少人馬，領頭的是什麼樣的人？」

「來了約莫百人左右，為首的將領是前明降將，姓王，名忠義，據說武藝頗為了得。」

南宮彤右眉微挑，詫異道：「哦？前明降將中竟還有武藝了得之人？我還真想會會他。」

「再請問庵中有多少人眾？」

「約有十餘人。」住持師太凜然無畏的說：「施主無須掛念貧尼等人，貧尼方才已吩咐庵中之人先出外躲避，諒來不會有事。現下還是以你們的安危為重，快與棲真離開吧。」

展令揚略一沉吟，心中計議已定，他胸有成竹的說：「住持師太，麻煩您帶棲真師太先外出稍避，讓晚輩在這裡等待清軍，待見尼庵冒煙，清兵散去之後再回來，到時必然可保無虞。」

「施主既有善策，貧尼自當聽命。」那住持見展令揚胸有成竹，也不多做推託，便帶著李香君從後門離開。

南宮彤見兩人離開之後，才不解的問道：「展大哥，你要放火燒了尼庵不成？為什麼叫師太等尼庵冒煙再回來？」

展令揚笑道：「瞎說！毀損寶剎是何等罪過，我自有辦法，妳幫著我辦便是。」

兩人迅速布置妥當，便在庵中正廳跪拜禮佛，一派安然自適的模樣。大隊清軍到來，就見整個尼庵空蕩蕩的，只有他們兩人待在大廳之中，不知道在鬧什麼玄虛。

領頭的王忠義一見兩人的裝扮，便知是前日救走李香君之人，他此次領兵大舉前來，其實根本不是為了捕捉謀反的逆賊，只是想捉李香君一人。他以前就聽聞李香君的豔名，對她覬覦已久，但李香君在南京城破之後便不見蹤影，讓他想趁城破之際擄走她的想頭落空。這次聽聞屬下報舉李香君現身揚州，他如何能錯過這個機會，更何況聽下屬饒舌敘述，李香君雖已年近五旬，卻仍舊美貌非常，更令他心癢難耐。此時見這兩人如此目中無人，不由得大怒，喝道：「你們兩個小賊，敢劫走要犯，眼裡還有沒有王法！」

南宮彤作態的整整衣袖，漫不在乎的笑道：「這位降臣叛將問得還真有趣，我們既然敢劫囚，自然是沒將王法放在眼裡了。」

王忠義見兩人當面揭他的瘡疤，當下怒不可遏，一揮手，十餘名清兵立刻一擁而上。只一眨眼間，十餘名清兵都跌倒在地，竟沒人看清楚兩人是如何出手。那王忠義見兩人武功不弱，揮手命令部下再上，自己也拔出大刀，向展令揚撲去。一時之間，大廳之中亂成一團，只見南宮彤化作一道嫩黃光影，在清兵之中穿梭來去，展令揚取出一對鑌鐵判官筆，左抗右架，或刺或戳，已與王忠義鬥在一起，不時還出手點點身旁跑來跑去的清兵穴道，沒多久，滿室的清兵都已動彈不得，只剩三人仍在人群中互鬥。

王忠義越鬥越驚，他大刀舞起來雖然虎虎生風，聲勢驚人，但招數畢竟不若展令揚精妙，更何況展令揚所學是上乘武功，別說其他，光是點穴，王忠義就未曾學過，所以他不免心下生懼，但仍是守緊門戶，伺機要逃出尼庵，吩咐外面守著的部屬放箭。

展令揚既已將此人纏住，又如何能容他退出，只是他不願多傷性命，因此一直沒下殺手，不然憑他武功，這王忠義怎能支持至今。

便在此時，尼庵後方突然濃煙大作，煙塵一陣陣飄向前廳，從濃煙狂捲的情勢看來，火顯然燒得又快又急。王忠義見尼庵起火，生怕陷身火窟，刀舞得更加急了，展令揚見濃煙飄至，計已得售，假裝一個踉蹌，讓王忠義尋得一個空檔，閃身出庵。誰知他逃出庵去，不急著逃命，反而下令放箭，一時之間尼庵之中箭雨紛紛。

只見南宮彤舞開長鞭，將射來的弓箭擊落在一旁，不僅未傷及自身，連廳內的清兵也未被傷及一絲一毫。展令揚竄出殿去，闖到清軍之中，一連抓了好幾人丟進尼庵，清軍怕傷及同僚，箭勢登時緩下，誰知王忠義仍是拼命呼喝放箭，眾清軍不禁愣住，怒氣漸生。

展令揚見清軍臉色不悅，又丟了幾名清軍進庵，忽然臨空飛起，撲向王忠義，王忠義見展令揚手持判官筆向他刺來，嚇得大驚失色，立刻拍馬便逃。此時庵中火勢越燒越旺，濃煙狂捲入天，庵中的清兵四散逃出，一時之間清兵大亂，散了個無影無蹤。

「成了！」南宮彤躍到展令揚身邊，拍手歡呼。回頭看尼庵仍是煙塵沖天，向展令揚微微一笑。其實兩人只是在尼庵各處布置大小火盆，讓火勢燒得極旺，火盆上吊著一個水桶，燒到一定程度時，吊著水桶的繩子斷裂，燒得正旺的火被水一澆，立刻竄出濃煙，火盆或燃或滅，頓時間便有似火光沖天，濃煙處處的火災現場了。

「當初史大人死守揚州城，最終死在清兵手中，我們這下也算是替他出了口氣了。這群清兵現下一定對他們的將領恨得牙癢癢的，之後只怕那姓王的官也做不穩呢。」南宮彤笑道。

「不過史大人當時面對的是滿清的萬千大軍壓境，與我們今日的情況，可不能相提並論。」展令揚想像當年揚州圍城的情況，不禁搖頭。

當日，史可法從南京趕回江北駐防時，清軍已經勢如破竹的攻向南方，沿線城池先後失守，史可法最後只能退守至揚州城。才進到城中，史可法連休息用餐都來不及，便傳聞許定國將帶領清兵往揚州城殺來，要盡殺高傑舊部，使得揚州城中民心大亂，高傑舊部在慌亂中，不辨傳聞真假，便即趁亂逃出，並將城中牲畜、船隻都擄掠一空。

清軍渡江之後，豫親王多鐸曾先後五次派人向史可法勸降，來使都被史可法罵了回去，還將送來勸降的書信、財物都丟到河裡去。沒多久，多鐸率領的大軍開到了距離揚州城二十里處，就地紮營，不日就要猛攻揚州。史可法一再向朝廷請求援兵，沒想到朝廷完全置之不理，原來當時南京城中，正在大肆慶祝，忙著

論功行賞阮大鋮、黃得功等人，哪裡還理前線將士的死活。

沒過幾天，清兵包圍揚州城，史可法向朝廷告急既然無人理會，他只好傳檄各鎮，調各鎮援兵前來救援，誰知各鎮援兵竟沒有一個來救，只有劉肇基一軍聽令趕來。史可法見此情狀，心裡也知道大勢已去。這時，他早已存了與揚州城共存亡的決心，他將副將史德威請入府中，由於史可法並未生子，他死前只希望史德威能答允做他的義子，為他傳下後嗣。史德威卻說：「大人要為國家而死，屬下只有與大人一道，怎可獨自偷生呢？」

史可法聽了他的話，難過的說：「讓我為國家而死，懇求你為我而活吧！我將家人託付給你，希望你能成全我。」

史德威見史可法心意已決，劉肇基又在一旁幫著勸說，他感念史可法的恩德，便答應史可法的請求。史可法見史德威答應了他的請求，便將寫好的遺表、遺書交給他，盼他在城破之後，將自己最後的遺言帶給家人知曉。

清兵圍城數日，攻城越來越急，在攻城之中還不忘向史可法喊話，對他威脅利誘，希望能勸他投降。不論清兵如何勸降，史可法始終不為所動，但他手下的部屬，聽了清軍勸降的話，不免有些心動，他們心裡也知道史可法絕對不會投降，於是商量著要抓了史可法出城去投降。

史可法看破他們的心思，對他們正色道：「如果你們想要富貴前程，那就請便，但揚州城便是我的葬身之所，如若你們想要挾持我去向清兵投降，趁早別妄想了！」那些人見史可法神色凜然，知道無法挾持他，當夜便自己偷偷拔營向清軍投降，史可法知道事不可為，也不阻止。

乙酉年四月二十五日，清軍的紅夷大炮運到，開始猛力攻城，大群的清兵在大炮的掩護下攻向城牆。史可法站在城牆上，面對如潮湧來的清軍，他的心情出奇平靜，他閉上眼睛，默默對天禱告。禱告完畢之後，他睜開眼，一雙眼仍是炯炯有神，顯示出他死戰到底的決心，他下令發炮還擊，清軍在炮火的攻擊下死傷慘重。隨著時間的過去，雙方死傷的軍民越來越多，城牆上的屍體堆積如山，清兵前仆後繼的湧上，踩著屍體攻上城牆。

史可法眼見揚州城被清軍攻破，抽出腰間的佩劍，就要在城牆上橫劍自刎，一旁的軍官見狀，忙上來阻擋，一群人護衛著史可法，打算從小門突圍而出。但此時揚州城已被清軍團團圍住，哪裡還有路可逃，四處都有

清軍湧入。一群將士護著史可法奔逃，在清軍的追擊下死傷慘重，史可法不願部下多受損傷，掙脫了他們的護持，向清兵大喊：「我就是史可法，快引我去見你們主帥。」

史可法被綁到多鐸面前。多鐸見史可法凜然不懼，招降他的心意仍然未曾稍減。多鐸一再向史可法勸說，許他高官厚祿，史可法都堅持不肯投降，當清軍中有明朝降臣出來相助勸降時，史可法更是大義凜然的直斥對方之非。多鐸見他意志堅定，而且言詞犀利，不免也動了怒，便下令將他分屍肢解，一代忠烈，便在這揚州城中，結束了他光輝的生命。

豫親王多鐸因為揚州城久攻不下，在六月城破之後，下令屠城十日，死難的百姓兵士不計其數。史可法被清兵分屍之後，屍

體混雜在死傷的兵士、民眾之中，時當盛暑，沒幾日便已爛成一片，難以分辨，他的義子史德威根本無法尋得他的屍首。於是，史德威只好準備了史可法的衣冠，在揚州為他招魂，而後遵照他生前遺命，在梅花嶺上為他立了一個衣冠塚，作為他長眠之所。

明
督師兵部尚書
兼東閣大學士
史公可法之墓

尾聲

解決了尼庵的紛亂，南宮彤與展令揚在確定李香君安全無虞之後，便即向她告別。此時兩人騎著馬，慢慢的在雪地裡行走，聽了一整天的前明舊事，兩個人心底都有一股說不來的遺憾與愁緒。兩人默默的策馬徐行了一陣子，南宮彤才出聲打破沉默：「展大哥，我記得以前聽說史大人的母親在生他的時候，曾經夢到文天祥進入他們屋舍之中，你想史大人會不會就是文天祥轉世投胎的呢？」

展令揚聞言不禁失笑，道：「是又如何？不是又如何？妳會因為這個問題的答案而對史大人有不同的評價嗎？」

南宮彤搖搖頭，道：「當然不會！只是突然想到，覺得他們兩人之間似乎真的存在一些相似之處。」

「的確是有，也許正是因為這樣，後來的人才捏造出這樣的傳說也未可知，未必要當真的。我們敬重的是他的為人行事，可不是他出生時有怎樣的異象出現。」展令揚中肯的說。

南宮彤點點頭，若有所思的說：「今天聽了這一些事，很多事都聽得我好生氣、好生氣，我從來不知道會有人這麼奸惡，更不知道有時候人要做成一件事，其中可能會有那麼多的困難。」

「往往牽涉到越多人的事越是難辦，有時候就連自己一個人的事，都不見得能處理得好，我們現在還年輕，或許以後就會慢慢經驗到了。」

「人家常說做事要看天時、地利、人和，我一直在想，史大人的才能是絕對足夠，可惜他遇到末世，失去了天時，地利嘛，勉勉強強，可是最糟的是沒有人和，就算天時、地利都有，沒有人和這項條件，只怕也什麼事都做不成吧？」南宮彤幽幽的說。

展令揚看出她的消沉，笑道：「難不成就因為這樣，妳就準備什麼努力都不做了嗎？」

南宮彤看向他，原本因為消沉而暗淡的眼光漸漸光亮起來，她對展令揚皺皺鼻子，豪氣勃發的說：「當然不！我會更努力去完成我想要做的，就像屈原說的，『亦余心之所善兮，雖九死其猶未悔』＊，管他結果如何，在過

放大鏡

＊這裡所提到的屈原（西元前 343 年～？），是戰國時代的楚國人，他所寫的作品是一種叫做「辭」的詩體，因為寫「辭」的作家大部分是楚國人，所以後來就被稱為「楚辭」。後來到了漢代，「楚辭」發展為亦詩亦文的賦，成為漢代文學的主要體裁，著名的司馬相如就是很有名的賦家，所以後來的人常常把「楚辭」和漢賦合稱為「辭賦」。「楚辭」的代表作品就是屈原的〈離騷〉，南宮彤她在這裡唸的就是〈離騷〉裡的句子，意思是：「既然是我心所愛好追求的，就算是為此遭受死亡我也絕不感到後悔。」

程中調整步伐，事情總會有解決的法子！」

「可不是嗎？」展令揚舉起馬鞭，笑道：「彤妹，咱們來賽一程，瞧誰先找到師父他們。」話音剛落，他一抽馬臀，便如箭離弦的奔馳而去。

南宮彤在心裡暗罵他賴皮，搖搖頭，一聲嬌叱，隨即拍馬趕上。馬蹄過處，白雪翻翻滾滾，這一對年輕的男女，他們的人生，才要展開……

史可法

1602 年　出生於河南祥符縣（今河南開封市），少小勤於習文習武，早有大志。

1621 年　回原籍順天府大興縣（今北京市）應順天府試，受學政左光斗賞識而擢拔為秀才第一名。

1627 年　中舉人。

1628 年　中進士。開始為官，自西安府（今陝西西安市）推官起，因勤政愛民而連年升遷。

1635 年　自動請纓前往南方一帶剿寇，與士兵同甘共苦，使南京免於流寇之禍。

1643 年　任南京兵部尚書，參與機要，並提出一連串改革，充實兵力。

1644 年　闖王李自成攻陷北京，崇禎皇帝自縊煤山。南京明朝大臣擁立福王即帝位，改號弘光，並以次年為元年。史可法官拜兵部尚書兼東閣大學士，主持朝政，僅十數日，便被迫離京赴揚州督師。

1645 年　鎮守揚州，多次拒絕清軍招降，後城破被俘，壯烈殉國。其副將、義子史德威苦尋遺骸不著，只得遵其遺命在梅花嶺上立其衣冠塚。

藝術家系列

榮獲2002年
兒童及少年讀物類金鼎獎

第四屆
人文類小太陽獎

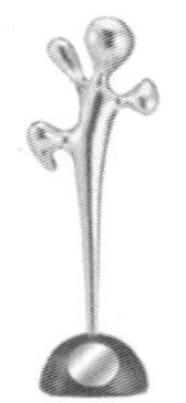

~帶領孩子親近二十位藝術巨匠的心靈點滴~

喬　托	達文西	米開蘭基羅	拉斐爾
拉突爾	林布蘭	維梅爾	米　勒
狄　嘉	塞　尚	羅　丹	莫　內
盧　梭	高　更	梵　谷	孟　克
羅特列克	康丁斯基	蒙德里安	克　利

兒童文學叢書

影響世界的人

在沒有主色，沒有英雄的年代

為孩子建立正確的方向

這是最佳的選擇

一套十二本，介紹十二位「影響世界的人」，看：

釋迦牟尼、耶穌、穆罕默德如何影響世界的信仰？

孔子、亞里斯多德、許懷哲如何影響世界的思想？

牛頓、居禮夫人、愛因斯坦如何影響世界的科學發展？

貝爾便利多少人對愛的傳遞？

孟德爾引起多少人對生命的解讀？

馬可波羅激發多少人對世界的探索？

他們，

足以影響您的孩子——

去影響世界的未來

國家圖書館出版品預行編目資料

碧血丹心：史可法／張博鈞著;杜曉西繪.－－初版二刷.－－臺北市：三民，2012
面；　公分.－－(兒童文學叢書／世紀人物100)

ISBN 978-957-14-4962-3　(平裝)

1.(明)史可法 2.傳記 3.通俗作品

782.868　　96025513

© 碧血丹心：史可法

著作人　張博鈞
主　編　簡　宛
繪　者　杜曉西

發行人　劉振強
著作財產權人　三民書局股份有限公司
發行所　三民書局股份有限公司
地址　臺北市復興北路386號
電話　(02)25006600
郵撥帳號　0009998-5
門市部　(復北店) 臺北市復興北路386號
(重南店) 臺北市重慶南路一段61號

出版日期　初版一刷　2008年1月
初版二刷　2012年4月修正
編　號　S 782190
行政院新聞局登記證局版臺業字第〇二〇〇號

ISBN 978-957-14-4962-3　(平裝)

http://www.sanmin.com.tw　三民網路書店